培育文化

培育文化

Education:

Age 1 ~ 6

懷孕這檔事：
寶寶1-6歲聰明教養

汪潔儀 編著

家長需要注意孩子生活中的一些細節：

如何對待任性的寶寶？語言的發展和訓練？入幼稚園前該怎麼準備？
怎麼培養社交的能力？如何發掘孩子的創造性？

**每個人在成長發育的過程中，都會經歷這個階段，
採取適當的教養方式，對他以後的性格形成是很重要的！**

培育文化　生活成長 45

懷孕這檔事：寶寶1～6歲聰明教養

作者　汪潔儀

責任編輯　廖美秀

美術編輯　林子凌

封面/插畫設計師　蕭若辰

出版者　培育文化事業有限公司

信箱　yungjiuh@ms45.hinet.net

地址　新北市汐止區大同路3段194號9樓之1

電話　（02）8647-3663

傳真　（02）8674-3660

劃撥帳號　18669219

CVS代理　美璟文化有限公司

TEL／(02)27239968

FAX／(02)27239668

總經銷：永續圖書有限公司

永續圖書線上購物網
www.foreverbooks.com.tw

法律顧問　方圓法律事務所　凃成樞律師

出版日期　2014年2月

國家圖書館出版品預行編目資料

懷孕這檔事：寶寶1-6歲聰明教養 ／ 汪潔儀編著.
-- 初版. -- 新北市：培育文化, 民103.02
面；　公分. --（生活成長系列；45）
ISBN 978-986-5862-25-1(平裝)
1.育兒 2.親職教育
428　　　　　　　　　　　　102027713

1歲~1歲半的幼兒

發育情況

具備的本領

養育要點

能力的培養

家庭環境的支持

需要注意的問題

1歲半~2歲的幼兒

發育情況

具備的本領

養育要點

能力的培養

家庭環境的支持

需要注意的問題

2歲到3歲

發育情況

具備的本領

養育要點

能力的培養

家庭環境的支持

需要注意的問題

3歲到4歲

發育情況

具備的本領

養育要點

能力的培養

4歲到5歲

發育情況

具備的本領

養育要點

能力的培養

家庭環境的支持

需要注意的問題

5歲到6歲

發育情況

具備的本領

養育要點

入學前的準備

增進感情、幫助發育、激發潛能的親子遊戲

0~1歲寶寶的親子遊戲

1~2歲寶寶的親子遊戲

2~3歲寶寶的親子遊戲

3~4歲寶寶的親子遊戲

4~5歲寶寶的親子遊戲

5~6歲寶寶的親子遊戲

Education: Age 1 ~ 6

1歲~1歲半
的幼兒

◆───── Education: Age 1 ~ 6 ─────◆

懷孕這檔事：寶寶1～6歲聰明教養

發育情況

　　周歲是寶寶來到這個世界之後重要的紀念日，很多家庭都會為寶寶「抓周」。其實，這個年齡階段的孩子還不能區分什麼東西好什麼東西不好，動作上也不是很靈活，因此往往只會抓手邊的東西。

　　一歲以後的孩子對周圍發生的事情十分敏感，他們能注意到音樂中的音調變化，也能聽出爸爸、媽媽的聲音。這個時候放一點輕快、浪漫、夢幻的音樂，對孩子的聽力和大腦都是不錯的訓練。

　　視力方面，他們看東西的能力更強了，周圍的世界對他們來說更加的立體，有機會的話可以帶著孩子看看日出日落，朝霞晚霞，明月星空。

　　大部分孩子在一歲到一歲半之間學會了走路，雖然有的能走較遠而有的只能很困難的走上一兩步，但他們已經有了邁開腳步自己走動的慾望。有的媽媽注意到孩子可以學走路了，就開始擔心孩子的腿形不正。其實剛開始走路的孩子都有一點O形腿，隨著腿部的發育，他們的腿就會變得修長而有力。由於擔心腿形而在孩子睡覺的時候裏上布條是一種很古老的做法，其實不用這樣做，孩子晚上能自由的活動和翻身，更有利於身體的發育。走路還不熟練的寶寶，遇到沙發墊

或者小小的臺階時，也能熟練地爬上爬下。手是他們可以控制的區域，他們可以潦草地寫和畫了，還能捧住水杯自己喝水。

在心理方面，由於這個時期的嬰兒還不知道扔東西，對自己不喜歡的東西也只有害怕。

因此一歲到一歲半嬰兒的恐懼心理是很強的。如果有什麼東西嚇過他，過一些天後看到這個東西他還會感到很害怕。那些吵鬧的聲音、溫水從頭上留下來的感覺、打針、看不到媽媽等，都會讓他們害怕得哇哇大哭。

在孩子的這個階段，保護他避免受驚嚇，對他以後的性格形成是很重要的。

身體指標：

男孩：

體重9.1~13.9公斤

身長76.3~88.5公分

女孩：

體重8.5~13.1公斤

身長74.8~87.1公分

出牙12~14顆，前囟閉合。

具備的本領

1歲到1歲半的孩子大多能較平穩地走路，摔倒後能自己爬起來；喜歡模仿成人的動作，可以手舞足蹈了。大人說的物品，他能指出來，生活中常見的幾種動植物也可以認識。

但有的孩子走路較晚，有些到一歲半了還是不能很好地走路，家長不要著急，可以多讓孩子在安全的地方走走，摔倒了也沒有關係，看看他是否能夠自己慢慢爬起來。

這個年齡階段的孩子可以玩簡單的積木，堆砌起來然後推倒；可以把手指伸到任何可以見到的小孔洞中，也可以比較準確的用湯匙給自己餵飯。

如果玩豆子和米粒，可以在裡面挑選出豆子來。穿衣服的時候可以拉拉鍊，還會脫襪子、手套和帽子。

語言能力方面，滿周歲的孩子能發出音節回答成人的問話，通常是一些不成句子的短語。簡單的稱謂「爸爸」「媽媽」「叔叔」「爺爺」「奶奶」等等是可以說出來的。

認知方面，寶寶注意力時間短則數分鐘，長則半小時。玩積木的時候，能把不同形狀的積木放入對應的孔中。不再什麼都往嘴裡

送，可以知道什麼能吃，什麼不能吃；對陌生人有好奇心，感情表現也更豐富了，會有各種不同類型的笑和哭。

一歲多一點的孩子對父母、尤其是媽媽的依賴性會比較高，如果只是出去五分鐘左右的話，通常沒有問題，但是超過十分鐘就會不安、哭鬧。

這種喜歡黏著大人的表現，說明他的情緒能力發展正常，對安全感的要求逐漸升級。如果想要讓孩子逐漸能夠離開父母獨自遊戲，需要做一些準備：

儘量維持每天可以和他在一起的時間——如果父母總是不在孩子身邊，孩子就會特別地依賴父母，生怕他們突然消失；但如果平時陪孩子唱歌、讀書、玩積木、拼貼畫等等，孩子和父母在一起的時間足夠長，他們對父母的依賴感就會降低一些。

另外，當父母要離開孩子一會兒，就幫助他把興趣投入到另一個遊戲上，讓遊戲填滿分離的時間。因此也需要父母們儘量做到第一點——陪孩子遊戲。當孩子掌握了遊戲方法，並且知道其中的樂趣之後，他們的玩興會更大一些。

養育要點

◆斷乳後的營養維持

幼兒斷乳後，應該用代乳品及其他食品來取代母乳。這是一個循序漸進的過程，從流質到糊狀，再到軟一點的固體食物，最後到米飯，每一個時期都要先熟悉之後再慢慢過渡。斷乳後，幼兒每天需要的熱量大約是1100～1200千卡（成年人一天需要的熱能是2000千卡），媽媽可以根據食物的熱量資訊來調配幼兒的飲食。

斷乳後幼兒每日進食4～5次，早餐可供應牛奶或豆漿、雞蛋等；中午可餵吃軟一些的飯、魚肉、青菜，再加雞蛋蝦皮湯；午前點心可給些水果，如香蕉、蘋果、梨等；午後為餅乾及果汁等；晚餐可進食瘦肉、碎菜麵等；每日食譜儘量做到輪換翻新，注意葷素搭配。

幼兒斷乳後不能全部食用穀類食品，主食是粥、軟一些的米飯、麵條、餛飩、包子等，副食可包括魚、瘦肉、肝臟類、蛋類、蝦皮、豆製品及各種蔬菜等。主糧為米、麵粉，每日約需100克，豆製品每日25克左右，雞蛋每日1個，蒸、燉、煮、炒都可以；肉、魚每日50～75克，逐漸增加到100克；豆漿或牛乳，從500毫升逐漸減少到

250毫升；水果可根據幼兒的口味來選擇，不要強制他吃水果。

◆培養健康的飲食習慣

幼兒斷奶後，除了營養問題，就是飲食的習慣問題最令父母們頭痛。既要讓孩子吃下去各種不同的食物，又要讓孩子不因為吃飯而養成拖拉、耍脾氣的壞習慣，這需要父母在幼兒開始吃飯的過程中就多加注意。

首先要注意的是，幼兒的飯量並不是根據吃米飯的量來衡量的。實際上這個時期的幼兒並不那麼喜歡吃米飯，為了讓孩子多吃米飯，媽媽們會嚴格要求，這樣一來，孩子有限的飯量就全部用來吃米飯，而其他營養食物的攝入量就會降低，另外也會引起孩子討厭吃飯的情緒。如果孩子不愛吃米飯，那麼讓他吃點馬鈴薯泥、麵條一類的主食也是可以的。

其次，當孩子剛開始吃飯的時候，不要要求他一定要用筷子。大部分孩子要到兩三歲才會使用筷子，只要孩子有食慾，讓他用湯匙自己吃，哪怕會撒到桌子上，家長也不要太在意了，因為弄撒了飯粒而挨罵，也會降低孩子的食慾。

在吃飯之前，媽媽爸爸要帶著孩子去洗手，養成吃東西前先洗手的習慣；吃飯的時候，關掉電視和收音機，大家坐在一起和和氣氣的吃飯，幼兒也可以和爸爸媽媽一起上桌，可另外給他準備餐具，按時吃飯，這些都是養成飲食好習慣的細節。

◆健康的飲食結構

開始吃飯的幼兒的飲食主要由主食、副食和牛奶、雞蛋、稀釋的果汁組成。

主食可吃軟米飯、麵條、粥、煮爛的餛飩等；副食可吃肉末、碎菜及蒸蛋等；牛奶不僅易消化，而且有著極為豐富的營養，能提供寶寶身體發育所需要的各種營養素，是寶寶斷奶後每天的必需食物；自己榨的新鮮果汁，可以用溫水稀釋後給孩子喝。

◆零食怎麼給

幼兒喜歡吃的零食莫過於糖果、加入各種營養和口味的牛奶。如果讓孩子自己拿糖吃，他們可能一天到晚都會拿了吃。如果每天給他定量，他也會吃完之後馬上要。

孩子小時候喜歡吃糖也是身體需要，但家長不要拿糖果當做獎勵品，讓孩子對糖果有格外的偏好。

薯片、蝦條、雪餅等這些膨化食品，甜甜鹹鹹的，很多孩子都喜歡這種味道，但高糖、高鹽是這些零食的一個共同特點，一方面，高糖會引起孩子的肥胖和齲齒，而高鹽會增加兒童的腎臟負擔，對心血管系統存在著潛在的不良影響；另一方面，有些零食還採用了食品添加劑、防腐劑、香精、味精等，這些都是經化學方法合成的，對孩

子肝臟解毒能力和腎臟排泄功能都可能產生一些影響。

　　如果孩子開始吃飯的時候不是很有食慾，父母不要拿味道重的零食來替補，這樣會更加破壞孩子的胃口。

　　對於一些比較胖的小孩，選擇低糖、高纖維素、高維生素的零食，比如說水果，如小番茄、奇異果等含糖量低的水果。對一些瘦弱的孩子，選擇零食可選擇穀類的餅乾，或者為了消化，糖葫蘆、山楂片也是好的選擇。

◆提防餵養迷思

迷思1：零食也可以當飯吃，總比不吃好

　　由於孩子不愛吃飯，如果能對某一種零食感興趣，父母也會覺得稍微安慰一點，總比不吃東西要好。但零食不能當正餐，只能當作是在兩餐之間補充一些能量和維生素的東西。

　　1歲以後我們首先不要刻意主動給寶寶提供一些零食，如果在孩子需要的情況下，我們要在兩餐之間，特別注意在正餐前1～2個小時以前給他吃，因為餐前1～2個小時，哪怕給孩子吃一點點零食，因為小孩的胃容量還很小，哪怕是兩片餅乾、半杯優酪乳，都可能他會減少很多吃正餐的營養食物。

迷思2：乳酸飲料可以作為奶類的替代品

　　乳酸飲料並不能代替奶類，市售的乳酸飲料口感很好，外包裝有很漂亮的圖案，孩子一看就喜歡，但它們不是奶，只是乳酸飲料，

其中各種營養物質的含量比奶類低很多的，也可能含有一些添加劑。

如果外出的時候偶爾喝喝可以，但是千萬不要把這個當做孩子獎勵經常提供給孩子，特別是不能在吃飯前1～2個小時喝。

迷思3：水果可以代替蔬菜

幼兒一般都不愛吃蔬菜，因為按照清淡的烹飪方法來做的蔬菜味道不如魚、肉，而且需要咀嚼，白菜等粗纖維的蔬菜尤其不容易嚼爛，幼兒剛開始的時候就不喜歡吃這些。那麼是不是只要孩子愛吃水果，補充了維生素就可以了呢？並非如此。

雖然水果和蔬菜中都含有豐富的維生素，但具體的含量和成分是不同的。水果可以吃，但每天也要有一定量的限制。

剛開始吃飯的孩子，不能吃大片的菜葉，但是把菜切碎了放到粥裡面煮，把芹菜等切成碎末，孩子還是可以吃的。

迷思4：允許孩子邊玩邊吃

1歲以後，只要孩子吃飯，父母往往可以允許孩子在吃飯的過程中玩耍、看電視等。或者專門派一個人在一邊跟著，等他玩累了就吃一口，這樣做只會破壞孩子的胃口。

孩子吃飯的時候不要讓他做別的，大人也不要一邊看報紙一邊吃飯，給孩子起到良好的示範作用。

迷思5：多喝湯有利於吸收

很多人覺得湯是食物的精華，多喝一點骨頭湯、雞湯、魚湯，和吃肉的效果是一樣的。事實上，湯還是不能替代肉的營養，另外，現在家畜家禽都用飼料餵養，湯裡面含有的激素不利於孩子的成長發

育。孩子最好是既喝湯又吃肉。

迷思6：便祕的孩子要多吃香蕉、喝蜂蜜水

冬天孩子容易大便乾燥，媽媽就覺得只要多給孩子吃香蕉、喝蜂蜜水，就可以了。其實大便乾燥與營養量補充得不夠有關，如果孩子吃的過於精緻，缺少纖維素，糞便就會乾硬。

香蕉可以潤滑腸道，但並不是治療便祕和大便乾燥的良藥，一天最多不要超過一根。最主要的是多吃一些含纖維素多的蔬菜，比如芹菜、韭菜、白蘿蔔，這些東西含的纖維素比較多，可以做成餃子、餡餅給孩子多補充一些。

蜂蜜水喝多了之後體內容易積累酸性的物質，因此也不要總是拿蜂蜜水當水來喝。

◆怎麼餵飯

父母拿著飯碗追著孩子滿屋跑是我們常見的現象，讓孩子乖乖的坐在座位上好好吃飯怎麼就那麼困難呢？這裡有一些方法可以讓孩子喜歡上爸媽餵飯：

固定的開飯時間

孩子一般一天吃4～5餐，下午的點心在1～2次不等，儘管孩子吃飯的餐數多一些，也不可以讓孩子餓了就吃，沒有固定的時間。如果是12點了，可以表示出高興的樣子，「午飯時間到啦」，然後和孩子一起準備吃飯。

減少正餐之外的食物

很多孩子不愛吃飯是因為零食已經填滿了肚皮。雖然零食也要吃，但不能過量。尤其要少吃膨化的食品和味道重的乳酸飲料，這些會造成他們的飽腹感。

選購孩子喜愛的餐具

買一些圖案可愛的餐具，可提高孩子用餐的慾望，如能與孩子一起選購更能達到好效果。

餵飯時不要分散孩子的注意力

在餵孩子吃飯時，父母總是喜歡變著花樣來哄孩子吃，這樣的結果就是分散了孩子的注意力，吃飯往往是為了「交換」。在孩子吃飯的時候，最好是氣氛輕鬆安靜，不要說個不停，讓孩子一口一口的吃完了再餵。

◆關注寶寶的飲食偏好

很多人總是覺得一歲多的孩子對食物沒有什麼理解力，他們不知道自己喜歡吃什麼。事實上孩子從小就有自己的口味偏好，可能與父母的相似，也可能並不一致。例如在水果方面，孩子就算是喝果汁的時候，也會知道自己喜歡喝哪種討厭哪種。

但是父母為了追求所謂的營養均衡，總是逼著孩子吃他們不喜歡吃的東西，哪怕孩子不愛吃，迫於壓力也得吃。這樣進食環境下的孩子容易消化不良，父母最好是注意孩子的飲食偏好，尊重他的喜

好，用替代品來補充不愛吃的食物的營養。

◆營養攝入量

建議每日每公斤體重攝入：

熱量1150~1200千卡

蛋白質：40g

脂肪：38~47g

維生素A：1167毫克

維生素D：400毫克

◆偏食的應對

如果幼兒此時表現出對一些食物的偏好，例如不喜歡吃青菜葉，或者不愛吃蘋果，媽媽可以把青菜葉切細了煮在粥裡，或者做成餡餅給孩子吃；水果方面，可以讓孩子自由選擇，在攝取量上要控制，不能讓孩子吃太多。

造成偏食的原因，可能與孩子天生的味蕾感覺有關，也可能是生活中的細節造成的。例如父母的示範作用，第一次吃某種食物時的感受等等，都會影響到孩子日後的飲食習慣。如果孩子身體健康，精神狀況也不差，可以允許孩子「偏食」，只要不是某種加工過的零食就可以。

◆如何應對耍脾氣的寶寶

一歲多的孩子已經漸漸有脾氣了，有的孩子發起脾氣來，不讓大人抱，努力掙脫大人的手，拿到什麼東西都扔掉。如果這種情況經常出現，父母要帶著孩子去醫院檢查一下，是否缺少某種營養元素。

有一些微量元素會造成孩子的脾氣暴躁；如果是外在的事情引起幼兒發脾氣，家長要注意好處理方式，切記先嚴後鬆，打完孩子後又去道歉，這樣只會增加孩子的委屈感，也會助長孩子的壞脾氣。

處理孩子發脾氣的最好辦法，就是家長克制住自己的情緒，用一種冷靜、理性的態度來對待正在哭鬧的孩子，不讓他覺得哭鬧可以引起家長格外的注意。

在平時的生活中，家長要注意生活的氛圍，長期生活在爭吵和不和的家庭中的孩子成長會受阻，那些從來不愛發脾氣的小孩也是需要父母注意的，偶爾發一次脾氣之後就忘掉，這樣的孩子性格會更加健康。

◆寶寶在大庭廣眾下哭鬧怎麼辦

帶著孩子逛街，如果孩子突然哭鬧起來，引起了路人的圍觀或抱怨，是一件很令家長尷尬的事情。有的人為了不要「丟人現眼」，會馬上滿足孩子的要求；有的人看到孩子丟臉了，會更加生氣的呵斥

孩子。前一種辦法會讓孩子學會在大庭廣眾之下「要脅」父母，後一種不利於孩子自尊心的培養。

當孩子在大庭廣眾之下哭鬧的時候，如果可以就把孩子帶到人少的地方去教育；如果他坐在地上哭鬧，要求不合理，父母還是不能讓步。寧可讓孩子感受一下別人的目光的滋味，也不要放棄做父母的原則，不能買的東西堅決不能買。

◆對待任性的寶寶

過了周歲以後，很多爸爸媽媽突然覺得，寶寶沒有以前好帶了。這是很正常的，是由寶寶的生長發育所決定的。滿周歲之後，隨著寶寶運動能力的提高，活動範圍的擴大，他的好奇心和新需要越發強烈，依個人偏愛而喜惡的事情也日益增多，隨之而來的就是抗拒行為的逐漸突顯。每個人在成長發育的過程中，都會經歷這個階段。

這麼大的寶寶好奇心很強，想瞭解和想嘗試的事非常多，並且希望能夠掙脫大人的看管而獨立行動。這種獨立探索的慾望雖然很好，但有的時候卻總是讓大人頭疼，因為寶寶總是「越不讓他去做什麼，他就偏要去做什麼」。儘管這種態度可以理解，但還是不能縱容，不能讓寶寶認為，他想去做什麼，家長都會允許他。

也許剛開始一兩次拒絕的時候，寶寶會以大哭大鬧來抗衡，但如果此時家長為了哄好寶寶就答應他的要求，那麼長此以往寶寶就學會了以哭鬧甚至是更極端的方式去要脅大人，達到他的目的。這樣，

寶寶任性的壞習慣也就養成了。

如果以前一直很寵寶寶、不管他想要什麼想做什麼都滿足他的話，那麼任性的習慣此時大多就開始浮現了。這時候還比較好糾正，只要大人能堅守自己的原則，小問題方面可以給寶寶讓步，但原則問題無論什麼情況下大人也不應讓步，這樣寶寶就會逐漸明白什麼是該做的什麼是不該做的，使其任性行為走上有節制、受制約的軌道。

◆讀懂寶寶的身體語言

幼兒一歲多的時候還不是很能說話，但是他們的語言並不貧乏，他們可以透過表情、動作和情緒等來傳達自己的意思，也就是我們所說的身體語言。如果父母能夠讀懂孩子的身體語言，也就不會在孩子哭鬧的時候手足無措，或者在孩子生氣的時候不明就裡。

有時候孩子的行為是有格外的意味的，例如有一個小孩，他想要拔掉花盆中的花，父親嚴厲地禁止他的這種行為，抓住孩子的手，嚴肅地看著他，對他說「不行」。這是一個非常明確的否定訊號。孩子把手縮回去了，看著爸爸，然後向爸爸伸出手臂，這個動作其實是在試驗爸爸是否會討厭他。爸爸該怎麼做呢？當然是毫不遲疑地抱起他，用這種身體語言回應孩子：「我依然愛你。」

身體語言與孩子的年齡是相對應的，不管孩子是只能躺著的，還是能坐起來、爬或站立和走路，他們都可以用自己身體語言還和父母對話。

明亮的眼睛，飛揚的眉毛，隨著物體而轉動的眼睛，跟著視線活動的頭，這些動作表示他是個樂於交往的、有朝氣的孩子；無神的眼睛，只關注自身的視線，反應微弱則可以推斷出孩子此刻缺少交流、感覺不舒服或者無聊；頭微微抬起並隨眼睛轉動，可以理解為想要探索事物和世界，頭和脖子的靈活是活力的重要表現。

頭的轉向和朝前看表示要求休息、要求結束遊戲、要求中斷交流、或者要求重新交往的願望。耷拉著腦袋表示他此刻有點疲倦。如果伸直腦袋則表示：「我在這兒呢！誰來跟我一起玩？」

向一個人或某一個物體伸出手顯而易見是表達想要有所互動或者與之交往的意願；手攥成拳頭是憤怒、想要爭鬥的表現，脹氣、便祕、尿濕了和冷了也可能引起手攥成拳頭。

如果幼兒的整個手腕都下垂著，這明確地表示：我不想動，不感興趣了，這個動作的肢體語言一般是感到憂慮，不舒服，不滿意，但也可能是太累了，想要休息。如果整條手臂都下垂著貼著身體，那是他累了，想睡覺了。如果幼兒蹬腳，可能是身體的疼痛或者內心的壓力造成的，他在試圖把傷害踢開。

此外，孩子的身體語言還有很多，有時候疾病也會透過身體語言表達出來，需要父母細心的觀察和及時的回饋。

◆化解寶寶的陌生感

當幼兒接觸到新事物、新環境的時候，他們的身體語言可能表

現為躲在父母的身後、身體緊張、收縮，眼神變得驚慌等。這些身體動作是在告訴父母：我有點害怕，我感到不安全。很多孩子第一次見到生人的時候會哭鬧，如果父母把孩子交給別人來帶，他們就會哭得很傷心，像是被拋棄了一樣。

如果一歲多的孩子很認生，在新的環境中無法適應，這與他們的年齡是相符的，因為這個年齡階段的孩子仍很依賴父母。不過，也並不是沒有辦法化解他們的陌生感。

例如，搬了新家之後，可以帶著孩子去每個房間看看，儘量讓他們看到一個全新的，充滿樂趣的環境。如果孩子開始有了自己的房間，可以一開始的時候陪他們睡，等到開始熟悉了，父母再和孩子分開睡覺。

如果想要把孩子交給他不熟悉的長輩來看管，最好先讓孩子和對方玩一玩互動的遊戲，孩子在遊戲中能夠降低防衛，增加親近感。

如果孩子總是表現得膽小，那麼父母一定不要強調「不要這麼膽小」，而是鼓勵他「沒關係，去和別人玩吧，你們會很高興的。」用正面的資訊來引導孩子，可以讓他更有自信一些。

如果孩子身邊的朋友很少，平時總是只和父母在一起，他們可能會表現得很怕人。但這並不是什麼很大的問題，多給一點時間之後，孩子就能和別的夥伴打成一片了。

◆不要過早的接觸電腦和電視

有的父母實在不知道該給孩子玩什麼，當孩子哭鬧不停的時候，發現他們看電視能變得安靜，為了不讓孩子煩就總讓他們看電視、玩電腦。還覺得這是一種認識世界的好辦法。其實這樣做的危害也很大。

一方面，電視節目主要是針對成年人，孩子理解起來會有困難，他們缺少中間的過渡，這對孩子的理解能力是不利的。

另一方面，媒體節目的品質良莠不齊，孩子小時候的模仿能力很強，如果長期看電視，就會不自覺地模仿電視裡的人物，養成「裝腔作勢」的習慣之後，想要改變是很難的。

另外，電視看起來很豐富，但和孩子們的想像力相比，其實是很貧乏的。長期看電視的孩了的理解力和閱讀能力明顯沒有長期閱讀的孩子能力強，與其讓孩子看電視，不如讓孩子多花一點時間來讀書。

◆幫助寶寶建立良好的睡眠習慣

只要不是父母人為的干預，孩子一般都能有很好的睡眠習慣。因為孩子身體成長需要足夠的睡眠，就像我們餓了要吃飯一樣。但有一些孩子總是在睡前拖拖拉拉，要父母催促幾遍；或者在睡前喜歡吃糖，或者早上不能按時起床。這些都與父母的教育有關。

幫助孩子養成良好的睡眠習慣，一個是要幫孩子創造一個好的睡眠環境。當孩子入睡之後，雖然不用讓屋子裡悄無聲息，但也要儘

量安靜一些。另外，孩子入睡前提醒他先去上廁所，防止尿床。如果寶寶有尿床的習慣，父母最好能夠在半夜三點的時候起來提醒孩子去上廁所，這樣雖然有點麻煩，但對孩子改掉壞習慣是有幫助的。

早上父母最好也能夠按時起床，這樣可以起到很好的帶動作用。如果孩子起來了發現父母還在睡懶覺，會覺得沒有著落。

◆尊重但不溺愛放縱

從幼兒期開始，孩子就在逐漸瞭解自己在父母心目中的位置，怎樣做會得到贊許，怎樣做會被責罵等等。這些心理活動會指導著他們的言行，形成日後說話做事的習慣。一個人長大之後要能對自己負責，必須有自尊心、自信心。而這些是需要孩子從小在父母的教育下形成的。哪怕是幼兒期的孩子，也應該得到一份同等的尊重。例如可以有自己選擇的權利，可以表達自己的意願，當他在說話的時候有人認真地聽，而這些細節很多父母都容易忽視掉。

要知道，我們不僅是在養育孩子，更是在教育孩子，這就需要父母重視除了孩子身體健康之外的東西——心靈上的健康。

一顆健康的心靈是在尊重和信任中成長的，但是這不是毫無原則的信任，當孩子做了影響他們的事情，或者從道德來說不允許的時候的時候，父母是不能讓步的。如果從一歲多開始孩子就可以為所欲為，將來他很難學會自覺和自控。

◆睡眠問題

一歲多的孩子大多在晚上九點前後睡覺，早晨七點到八點之間醒來。鄉下的孩子可能晚上七點就睡覺，早上六點就和父母一起起床。

中途的午睡，有的孩子可能睡一次，有的孩子可能根本睡不著，這可根據孩子的身體狀況和生活習慣來決定。

這個時期的孩子反常的睡眠問題是，有的半夜要起來玩。孩子睡到深夜醒來，要麼吵得家人無法入睡，要麼自己一個人玩大人不放心，最好的辦法是讓孩子白天有足夠的運動，能量代謝掉了，晚上的睡眠就會更加踏實。

能力的培養

◆排便訓練

孩子開始吃米飯和麵條了，自然他們的排便也就更有規律了，這時候訓練孩子上廁所是最好的。但是，上廁所也是因人而異的，有的人很早就能自控，而有的人需要很長的時間來學會自己上廁所。

排便訓練在溫暖季節比較容易進行，幼兒需要大小便時能告訴媽媽，脫褲子也很方便。太冷的時候，孩子的尿會增多，可能會尿褲子。

訓練孩子上廁所，可以從便盆開始。現在有專門為幼兒設計的便盆，媽媽可以讓小孩自己選一個便盆，在沒有便意的時候坐在上面熟悉一下，不要害怕。等到要便便的時候，媽媽帶著孩子去便盆那裡，幫助他坐下來。

如果孩子不小心尿床了，或者把便便弄到褲子上了，媽媽們不要煩躁的批評孩子，本來他們自己也會有一種失敗感，媽媽要安慰孩子，告訴他以後要提早一點和媽媽說，或者「噓」一下表示要便便。

孩子上廁所、刷牙、洗澡等等，都是慢慢訓練過來。父母一定

要有耐心，相信孩子很快就能自控，自信的孩子能更早學會自控排便，而自卑、膽小的孩子的控制能力會差一些。

◆走路訓練

一歲多的孩子有很強的走路的慾望，這也許是由於人類的天性中有一種追求自由的本能。當他們可以站立的時候，就希望能很快的跑起來。可以說學走路的心情，寶寶比任何人都心切。

寶寶開始學走路的時候，很多父母都靠學步車來教寶寶走路，但是有些專家卻反對用學步車。總結起來，主要是這樣一些方面：

好的方面是：

1.降低了寶寶學走路的難度，使寶寶能輕易成功的獨立行走；

2.比扶桌腳或其他物品學走更穩當；

3.解放了家長，不必夾著、扶著、拉著寶寶學走路等。

不好的方面是：

1.限制了寶寶自由活動的空間；

2.減少了寶寶訓練的機會。正常的學步過程需要寶寶運用身上的各種肌肉，達到身體的平衡，哪怕是摔倒，也對他的成長有好處，摔倒之後站起來更有自豪感，對增強其自信心很有好處。

3.容易發生意外。有的媽媽認為孩子有了學步車，可以自己玩一會兒，自己就去忙別的。如果這時候正在煮東西，是非常危險的。孩子可以靠近煮著的東西，如果伸手搆鍋子的把手，後果將不堪設想。

4.寶寶容易蘿蔔腿。由於寶寶在使用學步車的時候沒有很好地運用肌肉，腿容易變形。

總體說來，使用學步車的弊大於利，所以，媽媽們還是不辭勞苦地幫助孩子學會自己走路吧，這個過程一般約一個月，在學習走路的過程中，也增加了親子之間的互動和情感交流，一舉多得。

◆好奇心和求知慾的建立

一個身體健康的一歲多孩子，好奇心是非常強烈的，他們從什麼都要往嘴裡送的嬰兒階段走向用手去感知的幼兒階段，因此他們會用手摸任何摸得著的東西，把手指伸進小孔中，想要看看玩具裡面有些什麼東西等等。

可以說這一階段的好奇心是不用刻意去培養，如果一個孩子對什麼都沒有興趣，精神狀態不佳，那麼父母要帶著孩子去醫院看看是不是身體不舒服，或者心理上有壓力。

有的孩子雖然好奇心很強烈，但是也十分膽小。遇到新事物的時候會害怕，不敢去碰一下。這時候需要父母去鼓勵他，並給他示範。例如摸摸動物，和新朋友握握手等等，孩子會在多次試探練習之後自己學會。

父母可以和孩子玩猜猜有什麼的遊戲，用一個塑膠的不透明的盆子罩住孩子平時愛玩的玩具，然後問問「裡面會有什麼呢？」然後打開一看，原來是布娃娃，這樣的遊戲會引起孩子的興趣參與遊戲。

或者用多個小盆子，猜猜糖果在哪個盆子下面。但是在玩這樣的遊戲的時候，要注意安全，不要用瓷器，怕摔壞後傷害到孩子。

◆語言的發展和訓練

1歲多的幼兒與1歲前的嬰兒相比，顯得越來越「能說會道」了，尤其是到了1歲半後，一般的嬰兒都會說十多句話。如「爸爸」、「媽媽」、「汪汪」、「喵喵」、「是」、「果果」，等等。但這種說話還不能像我們成年人一樣流利自然，他們只是用短句和片語來表達自己的意思。

如果身邊經常有人說話，孩子學起話來就會比較的快。但父母總是上班，身邊的褓母說的是方言的話，孩子學話可能會慢一些。

如果是在比較複雜的語言環境中，孩子學說話也會稍為晚一點，但這不會影響孩子說話的能力。他們照樣能與父母交流。如果是多語種的環境，父母也沒有必要特別在意孩子說話，用平常的自然的方式來與孩子對話就好。

語言能力深深植根於我們對自己能力的感受與自信。幼兒在安全的環境中越經常練習，就越容易發展語言技巧，具體的方法有：

講故事：講故事是最古老、最生動的語言技巧之一。這種教育方法的運用旨在激發寶寶的動機、解釋事件或過程，或者僅僅為了創造一個適宜的語言環境。

朗讀：父母的朗讀，能透過語言的聲音、節奏、音樂感傳入寶

寶的耳朵。特別是爸媽用充滿激情與感觸的聲音朗誦他們所喜愛的文學作品，由此所激發起來的寶寶的興致，往往能夠維持終生。寶寶在與爸媽一起大聲朗誦詩歌和童謠等文藝作品後，能夠極大地增強他們的自信。

玩遊戲：父母透過文字遊戲、與寶寶們分享喜愛的作品、充滿熱情地參與討論、實地參觀、尋訪地方戲曲等方式，可為寶寶們提供有效的示範。

前面提到過不要讓孩子太早看電視，是因為電視會使幼兒的說話發展緩慢。語言需要人與人之間交流感情，需要互動和回應。而電視只是單方面的輸出，不能對孩子的話有一種及時的回應，孩子也不會知道自己說得對不對。

孩子在學說話的初期，父母可能要「沒話找話」，一開始的時候可能得不到孩子的回應，但是持續一段時間就能驚喜的發現孩子可以說出自己的想法了。

◆詞彙語言的培養關鍵期

對一歲多的孩子來說，說話就意味著說詞彙。因為這時候他們的語言能力還限於講自己想要表達的句子中的詞說出來的程度。例如要吃蘋果，可能就只能說「蘋果」或者「果果」，也因此，父母可以在和孩子對話的過程中，主要用詞語來表達意思，而不是用「這個」、「那個」。對孩子說「來嘗嘗這個」，最好用「來嘗嘗鳳梨」

替代。明確的指向一方面可以幫助孩子理解所說的東西,另一方面也可以增加孩子的詞彙量。

有的父母擔心詞彙太複雜,或者孩子無法發出那個音節,就會先幫孩子縮減一下。例如把「漂亮的衣服」說成「漂漂」,其實這是沒有必要的。父母用準確的語言和孩子對話,能讓他們儘早地學會很多詞語。有的媽媽就對孩子要求很嚴格。當孩子說「果果」的時候,媽媽會引導她:「你要吃什麼?」孩子會說「我要吃蘋果。」然後媽媽又問:「你要吃什麼樣的蘋果?」孩子會想一些形容詞來形容她想要的蘋果:「我要吃又紅又大的紅富士蘋果。」當然,一歲的孩子還不能達到這樣準確的描述程度,但他們正在朝這個方向努力。

總體來說,擴大孩子的詞彙量是很有必要的。如果父母感覺自己的詞彙很有限,可以借助童書中的故事來幫助孩子接觸新詞彙,無論是外國的童書翻譯版本還是我們自己的童書都可以。

◆溝通能力的培養

幼兒的表達不是很完整,如果要確定孩子的意思,就需要父母用引導性的發問,來啓發孩子把一句話說完。例如,孩子說「水」,父母可以問他:「寶寶口渴想要喝水嗎?」這樣說不僅可以確定寶寶是想要喝水還是想要玩水,還可以幫助他知道應該怎樣表達自己的意識。而這正是溝通能力的提升。

除了語言上的溝通之外,父母還可以用表情和動作與孩子溝

通。例如微笑著點點頭，神情嚴肅的搖頭，這些細節可以幫助孩子提高情商，敏銳地察覺到別人情緒的變化。「ok」的動作，「不要」的動作也是一種溝通，還有畫圖來表達一天的心情等等，都是親子溝通的有效工具，也為親子生活增添了更多的浪漫和美好的回憶。

◆遠近視覺的初步建立

我們總是習慣從自己的角度去看問題，以為別人看到的和自己看到的是一樣的。事實上並非如此，每個人對顏色的敏感度是不一樣的，就像每一個顯示器都有細微的差別。嬰孩起初看東西的時候，也不能很準確地估計自己與看到的物體之間的距離。例如在它們的嬰兒床上面掛一個風鈴，他們會伸手去抓，但是怎麼也抓不到。

隨著年齡的增加，孩子們的經驗也在增加，他們會移動自己的位置，來控制好看到的和自己的行動之間的配合度。不過在孩子幾個月的時候，很容易成為鬥雞眼，這是他們在調正看東西的距離，等到他們熟練之後，就不會有鬥雞眼的現象了。

1歲多的孩子能夠清楚地感應立體空間，如果父母覺得孩子在看東西方面不是很靈活，可以和孩子做一些視覺訓練的遊戲。例如用玩具飛機的飛行來訓練眼珠的靈活度，和孩子一起看星星月亮或者飛機、白雲，去空曠的地方眺望遠處等，對孩子的視覺建立有幫助。

◆促進智力的發展

促進幼兒的智力發展，包括語言、數學邏輯、視覺空間、音樂智力、人際社會智力、肢體動覺智力、內省智力、自然智力這8個方面的內容。幼兒在每一個方面都需要經過訓練和強化才能提高，而對於我們傳統的中國家庭來說，可能數學邏輯智力、音樂智力、自然智力這些方面是極少關注的，需要父母有意識地去培養。

所謂數學智力，就是發現數字的內在含義，並能把「具體事物」轉變為「抽象符號」，再進行抽象事物的處理。最後，來思考假設與陳述間的關係和涵義。有的寶寶已經會說話，可對數字沒興趣，這就需要父母在日常生活中，加強寶寶對數字的敏感度。身邊有很多事情是需要用數字來表達的，例如「一個娃娃」、「二顆糖」、「我們三個人是一家」等等，父母在說到數字時可加強語氣，還可以用變化的辦法，如「你們兩個人玩，我一個人玩，我們三個人一起玩」等等，來增加孩子對數字的理解力。

吃飯的時候，可以讓寶寶數一數有幾盤菜；看小動物的時候，可以看看有多少隻動物。但一定不要強迫孩子去數數，這樣會影響他對其他事物的興趣，「因噎廢食」。在教幼兒數數的時候，要順其自然。

而音樂智力方面，它與其他智力沒有必然聯繫，而是擁有獨特的規律和思維結構。可以說寶寶在誕生前，就有了音樂節奏感——母

親的心跳聲，呼吸節律，新陳代謝和腦電波活動節律等，每個人與生俱來都有對音樂的感知能力，即便是土生土長的台灣人，對夕陽交響樂也能有一種感知和認識。所以父母不用擔心自己毫無古典音樂的底子，孩子就不能聽莫札特的胎教音樂。

如果幼兒對音樂表現得毫無反應，或者是興趣不大，父母不要心急，更不要強迫他安靜的聽音樂。培養孩子的音樂智力一定要在一種輕鬆愜意的環境中進行，例如在寶寶的房間播放一段柔和的音樂，和寶寶玩遊戲的時候可以放輕鬆愉快一點的音樂。

雖然我們很多家庭對古典音樂一竅不通，但父母可以藉著教孩子的機會去瞭解一下經久不衰的世界名曲。這裡不用特別在意版本和指揮、樂團等，一般的給兒童聽的古典CD中收錄的都是經典中的經典，即便是錄音效果不盡如人意，但那些節奏變化依然可以感染孩子。

自然觀察智力對於都市裡的小孩來說是比較薄弱的，它是指善於觀察自然事物、善於辨別自然環境中各種現象的能力。1歲的寶寶會對蟲鳥等小動物有很大的興趣，也喜歡看樹、花等自然景物，對四季的變化很敏感。因此，父母要經常帶幼兒到戶外或公園，去感受四季的變化，並耐心地陪幼兒觀察和大膽探索他們感興趣的現象。著名的昆蟲學家法布林的《昆蟲記》，就是從他兒時開始觀察昆蟲的熱情中衍生出來的。

天氣晴朗的時候，可以帶著幼兒去公園吹泡泡，觀察陽光下泡泡的顏色；在樹蔭下，幼兒可以觀察透過樹葉的陽光的閃動，可以讓

他去摸一摸樹皮、竹子皮等，感受不同的質感。這些細節都可以提升孩子的自然觀察智力。要知道，一個懂得熱愛自然的人，內心是溫柔而敏銳的，對生活的熱情也會更多一些。

◆平衡能力的訓練

一個人長大之後的平衡感和小時候的訓練是分不開的，而小時候的平衡感訓練是從「頭」開始的。可以說，抬頭是我們一生當中進行的第一個具有革命意義的動作，那意味著我們已經開始感受到平衡了，沒有平衡，人類至今都無法行走。

人的平衡感是否有天生的強弱呢？事實上未出生的孩子在孕期的第5個月時，耳朵裡面精密的平衡系統就已經發育成熟，一出生就能正常工作了。只是出生後我們的脖子還沒有力氣，不能完成各種動作，但我們的平衡感是有的。

幫助幼兒訓練平衡能力，可以從日常的生活中去尋找一些機會。例如端水杯的時候，走路的時候，還有玩耍的時候，都可以有意識的訓練孩子。

常見的方法有：爸爸蹺起二郎腿，讓孩子坐在翹起的那隻腿上面，然後扶著孩子的雙手，開始晃動腿，讓孩子用雙手來控制平衡，當然父親的雙手是不能離開的。或者讓孩子端著一盆水走路，儘量不要打翻盆中的水；或者是讓孩子用頭頂住布娃娃等輕一點的東西，看看能走幾步。和孩子玩投球的遊戲，選擇一些輕柔的皮球，投給孩子

讓他接住，在接球的動作中，孩子也會自動的諧調身體各部位的平衡。

◆自我意識的培養

1歲的寶寶的自我意識，表現為知道自己的名字，對周圍充滿好奇，會根據別人的反應而來調節自己的行為。同時，凡事都要自己去做，並能較好地獨立完成一些基本的事情，如自己吃飯、穿衣、收拾玩具等。

寶寶的自我意識，會隨著自己力所能及的事情增加而增加。因此，要儘量讓寶寶在感興趣的事情上自己動手，或者用「你可以自己來試一試」這種方式來誘惑孩子去動手，例如讓他們自己用手抓飯吃，自己穿鞋，自己拿出玩具、收拾玩具等。

◆對簡單物體的認知能力

如果孩子能說出一些日常用品的名字，說明他們對事物的認知能力是不錯的。一歲的孩子知道什麼不能往嘴裡餵，這說明他們在「吃」上面的認知能力也有了提升。有的孩子能明白父母的話的意思，例如讓他拿蘋果、彎腰等等，但是無法用語言來說明，或者無法開口叫人，這不是認知能力的問題，也不一定是說話能力的問題，而很可能與情緒、心理有關。

認知能力其實和擴大孩子的詞彙量、幫助孩子學會溝通是一體的，在告訴孩子什麼是什麼，應該怎樣表達自己的感受的時候，也就同時提高了孩子的認知能力。

◆對不同物體的區分能力

1歲多的孩子對上下左右前後是有概念的，對東西的大小、軟硬、厚薄等也有反映，只是有的孩子不能準確的說明。所以父母在和孩子交流的過程中，除了用名詞來告訴孩子新事物之外，還可以增加一些定語、狀語和形容詞，來幫助孩子區分不同的事物。

家長可以和孩子玩一些具有區分事物的能力的小遊戲，例如「找一找大娃娃在哪裡」，「把紅色的糖果和藍色的糖果分開來」等，幫助孩子去有意識地區分不同的東西。等到孩子二歲以後，還可以叫他區別男性和女性，但一歲的孩子對性別的認知能力不是很強，家長不要做過高的期待。

◆對時間的理解能力

1歲到1歲半的孩子，對幾點鐘是難以理解的，認識鐘錶需要到小學的階段，早一點的也要五歲左右。不過幼兒能夠知道早上，中午和晚上。「早上起床要洗臉刷牙」，「晚上我們吃什麼呢？」這樣的說法可以增加孩子對時間的概念。

如果有時間，媽媽最好能帶著孩子看看日出和日落，不僅能夠感受自然變化的美景，更能夠讓孩子把時間和具體的情景聯繫起來。

雖然孩子不會看鐘錶，但是他們對時間的量詞也是有體會的。例如媽媽說：「媽媽去晾衣服，用五分鐘的時間。」這就是在告訴孩子「分鐘」這個詞語。和孩子玩遊戲的時候可以說「看誰持續的時間長」，然後用「5秒」、「10秒」這樣的量詞來定義時間。

孩子學會人世間是自然而然的事情，家長切莫為了達到一個目標而心急，影響了孩子的積極性和自信。

◆模仿能力訓練

幼兒很多能力都是透過模仿而獲得的，可以說父母要做的不是培養孩子模仿能力，而是啟動孩子模仿的興趣來。

這裡又要提到故事書的作用。一般有插圖的故事書都會畫上各種動物、小朋友等，這時候父母可以在講故事時加入一些動作，例如大象、鴨子、飛機等等，這也需要家長發揮想像力，在家長的感染下，孩子也會跟著模仿起來的。

在扮演圖書中的故事的時候，父母和孩子可以輪流來扮演不同的角色，比如說動物大會相關的故事，可以今天寶寶扮演大象，明天寶寶扮演鴨子，這樣就能增加他模仿的機會。有時候爸爸還可以模仿動物的叫聲，讓孩子猜猜是什麼樣的動物。不過這種模仿能力是基於孩子對被模仿者本身有一定的瞭解基礎之上的。

家庭環境的支持

◆身體的接觸

孩子感到自己缺乏愛，很可能是因為他們發現父母很少抱他、親他。親子之間的身體接觸對孩子來說意味著被愛和被重視。小孩通常都會很喜歡爸爸抱著他旋轉、拋上拋下、舉過頭頂等等，這些看似危險的動作，因為有爸爸的撫摸而顯得特別有趣，這就是因為小孩子渴望父母的愛。

在日常的生活中，父母要多用輕柔的動作來表達自己對孩子的愛。在寶寶睡前給他唱搖籃曲，輕輕拍他的身體，做對了事情之後摸摸他的頭，走路的時候牽著他的手。這些都是充滿了愛意的語言。

但是父母與孩子的身體接觸也應該儘量避免觸碰到隱私部位，無論是父母的也好，還是孩子的也好。另外，父母和孩子玩鬧的時候不要太凶，撓癢癢和打鬧要有輕重，不要因為玩耍而發生意外。

◆創造一個遊玩的場所

為了幼兒的安全，幫他建造一個玩耍的角落是十分必要的，一

方面可以解決玩具無處放、孩子找不到自己的玩具的問題，另一方面可以讓父母放心地讓孩子在角落裡面自己玩，不用擔心他跑遠了找不到。

這樣的角落可以像肯德基裡面的兒童遊樂區，有一些簡單的娛樂設施，溜滑梯什麼的，如果條件不允許的話，給孩子的角落墊好拼圖板，用小箱子裝一些玩具也一樣能玩得津津有味。

需要注意的是，孩子玩的角落最好不要有書櫃、衣櫃這樣的設備，更不要擺放複雜的裝飾，最好是在比較空曠的地方，頭上沒有東西，也沒有插座和電線走過。

◆適宜寶寶視覺發育的光線

很多人以為，讓幼兒不要直接看強烈的太陽光就是保護視力，而在室內則是越亮越好。其實，幼兒在視覺發育的過程中，需要的光亮和發光源與玩耍時的距離是有關的。就以我們常見的白熾燈為例，40W的白熾燈距離寶寶玩耍處40～60公分為宜；60W白熾燈泡距離寶寶玩耍處50～80公分為宜；100W白熾燈距離寶寶玩耍處70～90公分較為適宜。

當然，白天時寶寶最好能在自然光下玩耍，這裡的自然光指的是幼兒周圍物體發射的太陽光。自然光不但能夠讓我們保持良好的視力，還有滅菌和興奮中樞神經系統的作用。自然光不足時，就需要借助人工照明來彌補。由於螢光燈接近自然光，用來照明是比較理想

的。但螢光燈會產生較多紫外線，污染室內環境，時間一久會對人的神經系統會產生影響，而幼兒此時正是神經系統發育的時候，因此幼兒不宜長時間在螢光燈下玩耍、看書。

幼兒閱讀看畫的時候，最好在接近自然光的地方進行。不穩定的亮度會對幼兒的視力造成損害；另外，自然中明亮的顏色對寶寶的視覺發育也有很好的作用。

◆照明度與視力保護

我們都知道光線過強會損害視力，光線不足對視力同樣也不好。因此，要保護幼兒的視力，既要避免在強光下看東西、直視太陽光和太明亮的室內燈；也要避免在幼兒在光線不足的地方長久的看東西。

有的父母為了訓練寶寶的視力，會讓寶寶看較小的東西，這個過程中記得增加亮度，不然對幼兒的視力是一種傷害。尤其讓寶寶看圖和文字時，不但要力求清晰、對比明顯、色彩鮮豔，還要確保適宜的照明度。

有的幼兒房會塗上色彩油漆，淺顏色的或者潔白的牆壁反射係數大，屋子顯得很亮，而深色調的牆壁會讓屋子顯得比較暗。如果整個屋子都是潔白的牆壁，也可能會造成眩目，這時候可把接近地面的1.5米高的牆面粉刷成淡黃色或其他淺色，使與眼睛平行的反射光變為漫反射。如果幼兒的床頭燈沒有燈罩，家長可以和孩子一起做一個

簡單的紙殼燈罩，一方面可以保護好燈泡，另一方面也能集中光亮，有利於孩子的閱讀。

◆把寶寶有趣的語言記錄下來

一歲多正是童言無忌的時候，加上剛學會一些詞彙，孩子說出來的話會非常有趣。這時候的父母不妨浪漫一些，可以把孩子的一些生活片段拍成短片積累下來，也可以用日記的形式，幫助寶寶做一個成長日記。等到孩子長大或者成為父母的時候送給他，會是一份很大的驚喜。

除了浪漫的作用之外，父母也可以根據孩子的話語瞭解他的語言發展情況，更加清楚地掌握孩子語言發展的過程。

◆「角色扮演」遊戲

孩子的圖畫書中通常都有故事情節，父母給孩子讀的時候，有的孩子會聽得很認真，有的則漫不經心。想要提高孩子的注意力、聽力、語言能力，角色扮演是一種很不錯的方法。

角色扮演就是由父母和孩子一起扮演書中的人物，來完成書中的故事。在扮演的過程中，需要父母發揮想像力來增加故事的趣味性，也需要在事先預習，讓孩子對故事很熟悉，扮演起來更加有趣一些。

角色扮演順利之後，還可以呼喚角色，讓孩子多訓練。這個角色扮演的遊戲可以隨著孩子閱讀能力和理解能力的增加而逐漸成熟，一方面是增加了孩子閱讀的興趣，另一方面，也可以訓練孩子的口才。據說，歌德小時候就特別喜歡和父母一起玩這個充滿詩意的遊戲。

◆「追逐」遊戲

在親子互動中，最簡單但是對孩子來說最有趣的遊戲之一就是追逐。孩子在前面跑，父母或者長輩在後面追，口中說「我快要追到你啦……」或者是假裝成大野狼等，在後面追趕孩子，孩子會樂得哈哈大笑，喜歡一遍一遍地重複這個遊戲。有時候孩子會故意等父母，好讓他們趕上來，繼續遊戲。

追逐遊戲不僅能夠增加親子情感，還可以訓練孩子的平衡能力和走路的速度。不過，這個遊戲一定要在安全的地方進行，不要讓孩子覺得在路上追逐是很有趣的事情，他們可能會和別的夥伴在馬路上追趕，這是極不安全的。

◆爬樓梯

現在居住結構改變讓我們的大部分時間都使用電梯，但家長如果要訓練一歲小寶寶的身體體能和腿部肌肉，不妨和孩子一起爬一段

樓梯。

任何事情作為任務來做都是非常枯燥的，但是作為遊戲來完成就會非常有趣了。鼓動孩子爬樓梯也需要家長找到趣味性。例如時間充裕的時候，可以把爬樓梯和猜糖果的遊戲結合起來，或者是假裝一個是蝸牛，一個是兔子；等到孩子可以數數和簡單加減法的時候，可以用加減法的形式來和孩子一起爬樓梯，例如父親說：「1+2」，然後孩子就走3步，也可以增加減法，讓孩子走一段又退回去等等。越是有趣的東西，孩子的思維越是活躍，得到的訓練也就越多。

◆躲貓貓

躲貓貓也是孩子很喜歡的遊戲。一家人在客廳裡的時候，可以藏在一些稍微有點隱蔽的地方，讓孩子找爸爸媽媽。如果孩子不容易找到，可以發出一些聲音，讓他根據聲音來判斷方向。在遊戲的過程中要注意調節，讓孩子既能找，也能躲。如果孩子在玩藏貓貓的過程中，把家裡的擺設弄亂了，媽媽們千萬不要因此而生氣，這也是幼兒成長的過程中需要的一點點「代價」。

玩這個遊戲需要注意的是，一定要告訴孩子，在室外的場地上不要玩這個遊戲。有一些孩子在外面玩遊戲的時候，躲在有安全隱患的位置，例如車輪下面、空紙箱裡面，結果造成了可怕的悲劇。

需要注意的問題

◆可能出現的事故

這個時期提防出事故比注意疾病更重要。由於好活動的幼兒有強烈的好奇心，總想冒險去感受一下外面的世界，難免會有從架子上摔下來、吞下玩具零件、摸電熨斗被燙傷等事故。可能發生的一切事故，家長只要預先想到，就都能防備。

◆嘔吐

幼兒嘔吐的原因，80%是胃腸問題。但如果發展成了持續性的嘔吐，除了適時補充鹽水外，可以帶著幼兒的嘔吐物到醫院就診，找出原因。

幼兒嘔吐是一種常見的症狀，對於幼兒期的孩子來說，引發嘔吐的原因主要是一些感染性的疾病，如咽喉炎、中耳炎、鼻竇炎、肺炎、急性胃腸炎、泌尿系統感染，及神經系統的疾病等。

有些嘔吐是急性的，例如吃得太急，幼兒會突然嘔吐，但是吐

過之後就沒事了；有些則是慢性，而且是週期性的，隔一段時間就會出現劇烈的嘔吐、無法進食，持續兩三天之後自行好轉，檢查之後又顯示正常。那麼家長就不用太擔心，可能與幼兒的體質有關。

當幼兒出現嘔吐的情況後，家長要做好基本的護理工作：

首先是維持呼吸道的暢通。嘔吐厲害時，嘔吐物可能從鼻腔噴出，父母需立即清除鼻腔異物。若嘔吐發生在寶寶直立或臥床時，可以先讓寶寶身體向前傾或維持側臥的姿勢，讓嘔吐物易於流出，不至於讓寶寶吸入嘔吐物，以免造成窒息或吸入性肺炎。

保持口腔的清潔也很重要，因為嘔吐之後，會有一些胃酸、消化，及未消化的食物殘渣殘留在口腔中，難聞的味道，會使寶寶更加的不舒服。寶寶嘔吐之後，可以以溫開水漱口，這樣也會減輕嘔吐帶來的不舒服。

另外，幼兒嘔吐之後，要短暫禁食4～6個小時；重新開始吃飯的時候，要從清淡的飯菜開始。如稀飯、饅頭、全麥吐司等，過兩三天之後再開始正常飲食。

◆腹瀉

1歲3個月至4個月以前的幼兒最容易患「冬季腹瀉」，伴有突然發熱、嘔吐、大便水樣，但無腥臭味。這種情況下不必用抗生素，及時補充水分和電解質就可以。

造成寶寶腹瀉有多種原因，有些是因為天氣的突然變化，有些

是因為受冷風寒，有些是因為飲食問題，還有些腹瀉則是某些疾病的徵兆。如果寶寶只是排便次數增多、排出的大便較稀，除此之外沒有其他任何不適的表現，精神狀態良好、能玩能鬧、哭的時候中氣十足、睡眠也正常的話，基本上都沒有什麼問題，大部分都是吃了不乾淨的東西或是進食過多，也可能是著涼了，只要改善寶寶的飲食、注意保暖就可以了。

　　有些家長一看寶寶腹瀉，就立即給寶寶禁食，這也是不可取的。盲目的禁食非但不利於寶寶止瀉，還有可能加劇腹瀉，或誘發其他疾病。如果發現寶寶腹瀉的話，家長不要急於給寶寶吃止瀉藥，應仔細回想最近幾天的餵養情況，以及寶寶有無其他異常症狀，然後綜合判斷可能引起腹瀉的原因。

◆咳嗽

　　家裡有人感冒了，幼兒也很容易出現打噴嚏、流鼻涕、咳嗽的情況，這是因為感冒病毒的侵襲，治好了感冒咳嗽就會痊癒。但除了感冒之外，還有很多原因會導致幼兒咳嗽，例如結核病，百日咳等，還沒有注射過此類疫苗的小孩需要及時就診。

　　如果只是輕微的咳嗽，不發燒也不會沒精神，就不用擔心，就算是「小兒哮喘」也是可以自癒的。

　　突然咳嗽的情況，可能是因為吞下了什麼異物，堵在咽喉處。但如果在咳嗽的時候突然發高燒、呼吸急促、鼻翼扇動，咳嗽聲音小

而短促，每次咳嗽時會表現出好像哪兒疼痛，則可能會是急性肺炎。

◆抽搐

抽搐的表現是失去意識，有時候肢體會失去控制、變得很硬，或者是翻白眼、呼吸不均勻等。當孩子突然出現抽搐的時候，很多家長都會很緊張。但抽搐的情況有很多種。

如果是在痛哭之後抽搐，家長不用擔心，很多個性強的孩子在哭過之後都會有程度不等的抽搐症狀。這是因為情緒起伏較大，哭時太用力，平靜下來之後身體需要一個短暫的緩衝。

如果是抽搐的時候伴有高燒，可能是由感冒發燒引起的，主要還是治療感冒。高燒引起抽搐，在孩子滿5歲後就很少見了。

如果不發燒也出現了抽搐，應考慮是癲癇。家族中有癲癇病史的家庭，孩子出現癲癇的可能性會高於普通家庭。

輕微的抽搐和感冒後的抽搐，可用毛巾冷敷頭，但不要讓幼兒的手腳受涼。

如果空氣不流通，周圍的環境太嘈雜，加上孩子本身有點感冒，就很容易出現抽搐。這時候將孩子抱到涼爽通風的地方去，他會慢慢甦醒。

◆持續高燒

持續高燒是指發燒到3天以上的情況，沒有患過突發性發疹的幼兒可能連續高燒3天，但第4天就退燒了，病也就好了。常見的高燒不退是扁桃體發炎引起的，一般都用抗生素來處理，高燒會持續3～5天。如果扁桃體上出現了白點，沒有打過白喉疫苗則可能是白喉桿菌。

流行性感冒也可連續發燒3天，如果周圍的人或者孩子活動過的區域中出現過感冒患者，則可能發生麻疹，在疹子出來之前，也有持續高燒。

一歲多一點的幼兒如果出現發燒，父母可以脫光孩子的衣服檢查一下全身有無異常。

◆熬夜

幼兒的熬夜很少是整夜整夜的不睡覺，但會經常出垷睡眠較晚，半夜醒來後玩一兩個小時等情況，也屬於熬夜。

如果家裡發生了特別的事情，如很久沒有見面的親友來訪，爸爸出差回來，家裡有紅白喜事等，孩子會相應地睡得晚一些，偶爾這樣一次沒有關係。但不要讓孩子覺得玩到很晚很有趣，就堅持以後每天都要玩到很晚，這樣不利於形成良好的睡眠習慣。

如果幼兒出現半夜醒來後找父母，弄到天亮才睡著的情況，可能是孩子白天的活動量不夠，沒有疲勞感。或者是晚飯的飯菜不好消化，引起胃部不適，影響了睡眠等等。這些情況需要父母自己多注意

調節孩子的生活。

　　為了讓孩子睡得踏實一些，故意讓孩子不睡午覺，這樣對孩子來說可能不太有效。還是在想睡的時候睡覺對身體的健康才有幫助。

◆憤怒性痙攣

　　一歲多的孩子發洩情緒不滿的方式，主要是還是哭泣、發怒。如果媽媽要離開一會兒，或者別人要從他手裡強行拿走東西，都會讓孩子哭得很嚴重。有時候會像抽搐一樣，全身發抖，這種情況就是我們說的「憤怒性痙攣」。

　　這種憤怒性痙攣與孩子的性格有關，脾氣大性格脆弱的孩子容易出現這樣的情況，但並不是癲癇。這種情況會隨著孩子年齡的增加而減弱，父母需要注意的是，不要在平時太嬌慣孩子。

　　平時總是被愛護得很好的孩子，往往受不了一點點委屈，將來上學後老師批評一兩句就會哭得死去活來，表現得自尊心太強則不利於孩子的成長。

◆挑食

　　一歲多的孩子在吃飯的時候表現出一些偏好，例如不愛吃米飯，或者是不愛吃青菜，這些都不會特別影響孩子的營養。

　　越是父母強行要求他們去吃的東西，幼兒往往越是不喜歡吃。

如果孩子偶爾一次沒有吃青菜或者米飯，媽媽千萬不要說「你不吃完就不許玩。」這樣會加深孩子的逆反感。

吃飯、喝水是我們每天都會做的事情，父母最好不要在這些事情上太在意。孩子自己知道要不要喝水、要不要吃飯，如果他不餓不渴，父母要求他吃飯喝水是沒有道理的，孩子不配合的時候，父母就會認為孩子太刁，偏食或者是胃口不好，然後總是對孩子說「你不愛吃飯」「你不愛喝水」之類的話，會讓孩子真的以為自己是偏食，結果就人為地變得偏食了。

◆無法坐下來吃飯

一歲多的孩子是可以自己坐在餐桌上吃飯的，但他們玩興很濃的時候，可能要一邊玩一邊吃，或者走來走去地吃飯。有時候孩子喜歡到處跑，父母拿著飯碗跟在後面趕，吃飯就像打遊擊一樣。

這樣的習慣一開始的時候就不要養成，答應好孩子吃完飯再遊戲，也要兌現承諾。萬一已經養成了不能坐下來吃飯的壞習慣，媽媽最好寬容一點，和孩子說好從兩歲開始就要一起吃飯，因為他又長大了。用正面的方式去引導孩子學會規矩，比用責怪要好。

◆不會說話

通常一歲多以後孩子就能說一些簡單的日常用語了，但也有例

外。很多心急的父母看到和自己孩子同齡的小孩已經可以叫人了，但是自己的孩子還是嗯嗯啊啊地不能說話，就會很著急，有的甚至去諮詢兒科醫生。要知道，說話的早晚和智力並沒有太大的關係，說話晚的孩子也一樣很聰明。

說話的早晚和孩子所處的環境關係密切。如果父母經常能和孩子對話，會徵求孩子的意見，遇到問題的時候注意觀察孩子的行為，幫助他們表達自己的意思，這些行為對孩子說話有很好的引導作用。但如果家裡人不喜歡說話，父母不在孩子身邊等等，會讓孩子說話晚一些。

也有人擔心孩子是不是在發音器官上有問題，這個從孩子的哭聲中是可以聽出來的。哭的時候正常發音的孩子是可以說話的。如果擔心孩子聽力不好，可以測試一下。媽媽在孩子的身後叫他們的名字，如果孩子能夠回過頭來，表示孩子能夠聽到。萬一聽力有問題，應該及早學習聽障兒童的教育方法，孩子在年幼時的學習能力是最強的，不管怎樣都不要錯過了學習的時機。

如果檢查是孩子的舌繫帶過短，影響他說話，可進行一個小手術，就能矯正舌繫帶。最晚的孩子到3歲多才能很好的講話，知道了這種情況，1歲多不會講話就不算什麼了。

◆不會走路

由於現在是獨生子女家庭居多，很多父母是「新手」，對孩子

什麼時候學會說話，什麼時候開始走路沒有概念。看到別的孩子已經開始走路了，自己的孩子還不能走，就很著急。其實，孩子在一歲半的時候不太會走失是正常的，父母不必覺得自己的孩子笨。

一般來說，夏天和秋天是比較適宜孩子學走路的時候。一方面因為天氣熱，孩子穿得少，便於活動；也因為這個季節裡人們外出的機會多，過敏源少。如果父母要教孩子學走路，最好在這兩個季節裡開始。孩子學走路的時候，給他把尿布撤掉，這樣他的腿會更加自由一些。

◆睡不安穩

睡不安穩主要是指不容易入睡，晚上會醒來，早上很早就醒了，白天沒有精神等等。有的孩子習慣不好，晚上要吃了奶才會睡覺，或者要媽媽抱著才能睡著，有的要看一會兒電視才肯去睡，如果一開始就養成了這樣的習慣，要改過來是一個痛苦的過程，孩子會好幾個晚上都很折騰，父母也跟著熬夜。

除了孩子生理上的病痛造成睡不安穩這種情況外，孩子晚上睡得不安穩與白天的生活有關。如果白天的活動量很小，孩子們精力過剩，晚上就很難入睡；白天吃得太多或者太雜，晚上躺在床上也會覺得難受。讓孩子踏實地入睡，最好是讓他白天裡盡情地玩耍，吃東西不要毫無節制，這樣他晚上才能睡得更香。

Education: Age 1 ~ 6

1歲半~2歲
的幼兒

◆──── Education: Age 1 ~ 6 ────◆

懷孕這檔事：寶寶1～6歲聰明教養

發育情況

　　1歲半到2歲的幼兒已逐漸具備了支配自己的能力。比如走路時腿腳愈來愈有勁，能跑能跳，會踢球會爬樓梯，可以一頁一頁地翻書等等。

　　這個時期的孩子更加接近成年人的思維了，這時候父母就可以把他當成一個成年人來對待，有助於培養孩子的自我意識，也可以幫助他和父母的生活節奏一致。

　　這個階段孩子會有「這是我的東西」的意識，自己的玩具、零食等東西漸漸不願意給別人玩。

　　這就需要父母及早預防，不要在孩子面前過於強調東西的所有權問題。

　　這個階段的母親的教育人物很重，一方面要讓孩子相信自己可以得到媽媽無條件的愛，另一方面又要讓孩子養成自理的習慣。

　　很多人覺得生活自理可以等到孩子四到五歲以後再開始訓練，事實上那個時候就已經有點晚了，孩子不會一夜之間開始自己的事情自己做，應從他可以開始做點事情時開始，就鼓勵他靠自己。

　　從生理發育來看，這個階段的孩子發育的一些參考資料是：

男孩：

體重12~14公斤

身長89~93公分

胸圍48~50公分

女孩：

體重11~13公斤

身長87~90公分

胸圍47~49公分

牙齒16顆。

具備的本領

接近兩歲的幼兒已經步態穩健,能走能跑,會踢球,會單獨上下樓梯。喜歡的大動作是跑、跳、爬、跳舞、拍手。他能夠疊6、7塊積木;用一隻手拿杯子喝水;會用湯匙;會串珠;能畫垂直線和圓;高處的東西,可以推椅子爬上去拿;會轉動門把手,打開蓋子;用剪刀剪東西。

這麼大的寶寶能複述一句話;日常會用上百個詞彙,說話聲調比較準,能迅速說出自己的名字和熟悉物體的名稱。可以開始唱兒歌,可以說「這個」「那個」「你、我、他」等代名詞。他還能夠知道事物之間的不同,會認出兩種顏色。能從1數到5,能幫爸爸拿報紙等簡單的小事情,父母說的話他能聽懂意思。

這個時期的孩子還是很害怕和父母分離,當別人誇獎他的時候,他已經能體會到驕傲感,因此也有點喜歡找機會表現一下自己會的事情。但是這個階段的孩子還不能區別是非,不願把東西分給別人。這個階段的孩子也已經有點喜歡看電視了。

隨著孩子自我意識和自我能力的增強,他開始由被動者向主動者轉化,要不失時機地培養他的獨立性,凡是他力所能及、樂意做的

事，父母應放手讓他去做。孩子獨立完成一件事後父母要表示高興和鼓勵。同時引導他由自我服務，走向為他人服務。

　　遊戲和教育：由於孩子此時開始有節奏感，喜歡做類似跳舞的活動，所以可以放點音樂，讓他伴著音樂起舞，做些跪地或搖擺的動作，邊唱邊拍手。

　　可以給他鉛筆和顏料，鼓勵他畫畫；可以幫孩子把各種立方體、矩形和正方形嵌入玩具或是盒子的正確位置，激發孩子的立體感，同時訓練細小的肌肉；也可以讀長一點的、複雜一點的故事和童話給孩子聽；利用故事、音樂CD培養孩子對音樂的興趣。

　　這個年齡階段的孩子需要父母的愛和細心的照料，但父母不能溺愛。因為此時是自我意識的萌芽期，如果對他百依百順，容易使孩子形成「以自我為中心」和「侵犯性」行為，不利於良好個性的形成。

養育要點

◆斷奶也可以喝奶

幼兒的整個生長發育階段都不要離開牛奶，牛奶含有豐富的營養，也便於吸收，孩子斷奶以後也可以一直持續喝。每天在400～600ml左右，可以分成好幾餐來喝。如果孩子對新鮮的牛奶有點過敏，可以煮好之後再給孩子喝。不愛喝牛奶的孩子，可以用優酪乳代替。

◆注意膳食結構的均衡

孩子開始學會吃飯後，媽媽要注意在飲食上給孩子合理搭配，蔬菜、水果和粗糧都不要少，如果孩子不愛吃蔬菜，儘量換另一種方式來烹飪。

蔬菜、水果、魚、雞肉等是對心臟健康有好處的食物，媽媽可以鼓勵孩子多吃一些。肥肉、糖果、巧克力屬於高脂肪、高膽固醇、高糖食品，孩子也容易上癮，要控制著給他。奶油含量高的食物也要

少吃。雞蛋每天一個就夠，做成蒸蛋既清淡又便於吞嚥。

　　孩子和大人一起吃飯菜的話，鹽、醬油應儘量少放，這對孩子和大人的身體都有好處。另外，這個時期可以給孩子多吃一些含鉀、鈣的食物，例如：橘子汁、胡蘿蔔汁、奶類、蝦皮、海帶、紫菜、綠葉蔬菜、以及豆製品等。

◆零食的給予

　　孩子在午餐之間可以吃一點零食，但最好是水果和粗糧製品。零食放在孩子能夠拿到的地方，他有饑餓感的時候可以自己拿了吃。但是父母需要和孩子說明，吃東西的時候自己的手要洗乾淨，把吃東西和洗手培養成一組條件反射。

　　這個時期的孩子喜歡吃各式各樣的糖果，但吃太多糖會破壞胃口，對孩子的牙齒也不是很好。這個時候不要給孩子吃巧克力，也不要讓孩子喝咖啡。

◆降低餐桌的高度

　　如果孩子對一起用餐很有興趣，喜歡和爸爸媽媽一起吃飯，這時候最好是換一張矮一點的餐桌，讓孩子坐著和大人一起用餐。這樣一個小細節是對孩子積極性的鼓勵，要知道，很多教育都是從餐桌上開始的。

◆教寶寶用筷子

如果幼兒開始自己吃飯了，湯匙也用得不錯，很少撒出來，就可以考慮讓孩子學習用筷子了。用筷子對訓練孩子的大腦和手指的靈活程度都有幫助，但記住用筷子並不是一件簡單的事情。

很多人到了成年拿筷子的姿勢都不太好看，媽媽們如果有興趣教孩子用筷子的話，一定要有耐心，不要操之過急，影響了孩子吃飯的積極性則得不償失。

◆讓寶寶動手做事

事實上從幼兒接近兩歲開始，就可以自己動手做一些事情了。例如鼓勵寶寶自己穿衣服，讓寶寶自己洗手，擰好了毛巾之後讓寶寶自己擦臉，提醒他注意下巴、耳朵後面等。

這個年齡階段的孩子已經有了驕傲的情感，喜歡被表揚，也正是自我認識和自信心建立的時候，父母不要吝惜自己的鼓勵和稱讚，多給孩子一些肯定和表揚。

◆不必糾正發音和語法錯誤

如果一歲半之後的孩子說話還不是很清楚，「h」「f」分不

清，家長不要打斷他的說話指出錯誤，因為這樣做會打斷孩子原本的思維，一下子忘記自己本來要表達什麼，另外總是被糾正發音的孩子，會在說話的時候變得緊張，而更加說不好話了。

如果父母想要糾正孩子的錯誤發音，可以在複述孩子的語言時用正確的方法說話，這樣孩子自然能意識到自己剛剛說的不標準。即使他沒有意識到發音問題，也會跟著父母的正確發音去說話。要知道，這個階段最重要的是讓孩子學會自己組織語言，表達想法。

◆讓寶寶從鏡子中認識自己

要培養孩子的自我意識，可以帶著幼兒從鏡子中來認識自己。例如問他「眼睛在哪裡」；「頭髮在哪裡」等，讓孩子指出來；當孩子面對鏡子的時候，讓他看到自己的衣服的顏色、褲子的顏色、鞋子的顏色。如果想要孩子知道性別，可以說：「我看到鏡子裡面有一個小男孩/小女孩，不知道他是誰啊？」用這樣的方式來幫助孩子建立自我意識。還可以讓孩子做各式各樣的表情，看到表情的變化。

◆讓寶寶叫出熟悉的人

想要讓孩子叫人，最好的辦法是父母做好示範。有的父母會在孩子叫人的初期，和孩子一樣稱呼對方，例如一起叫「爺爺」、「奶奶」、「爸爸」，在和孩子對話的時候，也叫他的名字。每日見到熟

悉的人，可以和孩子一起叫別人，例如早上看到鄰居，可以和幼兒一起說「張叔叔早安」這樣的問候用語。

一般孩子主動叫人之後，都會得到積極的回應，這樣對孩子是有積極意義的。

◆不要對寶寶的破壞說「不」

一歲半以後的孩子認識世界的方式就是去動手，有時候會把一本書撕壞，有時候可能會把父母的東西弄壞。要知道，孩子並不是想要破壞一樣東西惹父母生氣，他們只是不知道怎麼去用不熟悉的東西，或者不知道怎麼觀察它，就會用撕、扯的方式。

如果父母因為弄壞了東西而大聲呵斥他，對孩子來說是很委屈的事情。

但是家裡的東西肯定也不能隨意讓孩子破壞，這就需要父母做好提前的教育工作。例如電器是危險的東西，孩子不要碰，玻璃瓶等東西不要放在幼兒能拿到的地方等等，做好預防工作是父母的責任。

另外，給孩子提供一個玩耍的地方，如果孩子在這個區域裡面弄壞了自己的玩具，父母不要生氣。玩具本來就是給孩子玩的，他們想要一探究竟是很正常的。

◆睡眠問題

白天的時候活動較多的孩子，晚上都能睡得香。而白天不怎麼動，身體也不太好的孩子，睡眠上就會有各式各樣的問題。多運動、健康飲食和健康睡眠是一個正向的循環，運動促進飲食和睡眠，好的睡眠又利於身體發育。

　　因此，要解決孩子身體不好、睡不安穩的問題，從根本上還是要多鼓勵孩子活動，手腦並用、手腳並用，在玩好的同時均衡飲食。如果有一個環節出了問題，其他環節也很容易出現問題。

能力的培養

◆排便訓練

當孩子有了自我意識之後，鼓勵他們自己的事情自己做，排便則是最私人的事情。兩歲以後的小孩，是一定要學會自己上廁所的。

如果他到了幼稚園，自己不能上廁所，可能會有人際交往的壓力，也會給幼稚園的老師帶來很大的工作負擔。

過了一歲半的孩子，可以在春暖花開的時候進行排便訓練。小便多的孩子可能很難控制，小便間隔在1個小時以上的，就能規定小便時間，完全不用尿布。

而大便相對來說是比較容易控制的，一般飲食規律的孩子大便也比較規律，使用便盆也很方便。

孩子學會排便的一個重要的因素就是有便意的時候要知道告訴媽媽。有的孩子會自己蹲下來，有的孩子會嗯嗯啊啊，媽媽可以告訴孩子，要便便的時候就說「噓噓」，當孩子學會用「噓噓」的時候，要及時地鼓勵他。

如果沒有說「噓」而尿褲子了，媽媽不要因此打他的屁股。最

好的做法是幫他把濕掉的衣服換下來，用溫水幫他擦乾淨屁股，溫柔地告訴他尿褲子容易生病，以後想小便時要對媽媽說「噓噓」。

在氣候溫暖的時候，孩子約半個月的時間就能自己學會用便盆。但無論是男孩還是女孩都很難在排便之後自己擦屁股，這件事情還是要媽媽協助完成。

兩歲不用尿布是比較正常的，但是也有三到四歲了依然用尿布的情況。媽媽不能為了訓練孩子不用尿布，就把孩子關在廁所裡，要告訴他排完便才能出來。

換掉尿布也需要在溫暖的季節或者是夏季進行。孩子因為怕冷而不願意撤掉尿布也是可能的。

孩子要大便，可以告訴他用「嗯嗯」來表達。冬天的時候，小孩子容易夜尿增多，父母要提醒孩子睡前上廁所，晚上起來一次廁所。天氣太冷了尿床也是情有可原的，媽媽不要因此而生氣。

◆語言理解力的訓練

接近兩歲的孩子可以理解父母簡單的要求和命令。「不要碰電器」，「不要開開關關冰箱門」等等，孩子是可以聽懂的。但是這個年齡階段的孩子對「不要」這個詞往往有「免疫力」，有時候大人越是說「不要」，孩子越是會「要」。

那麼父母不妨換一種說法。例如，「不要碰電器」可以變成「電器可能漏電，會傷害寶寶，我們遠離它」；「不要開開關關冰箱

門」可以變成「冰箱會壞掉的，那樣我們就不能吃冰西瓜了」。

　　千萬不要覺得這樣說很麻煩，因為父母在這樣說的同時，孩子就在理解自己的行為可能帶來的後果。這對孩子來說是一種理解能力的訓練。

　　另外，父母還可以在和孩子講故事的過程中培養孩子的語言理解能力。在講故事的時候，增加一些豐富有趣的語言，幫助孩子理解劇情，也可以增加他的詞彙量。

　　當孩子對父母的話沒有什麼反應的時候，可能就是沒有聽懂。這時候父母要用另外一種方式表達。有時候表情、肢體語言比我們的話語更能傳達出豐富的資訊來。

◆人稱代詞的理解訓練

　　「你」、「我」、「他」、「你們」、「我們」、「他們」、「大家」、「這」、「那」等，是我們常用的代名詞。其實，很多人回憶自己的童年或者弟弟妹妹的童年，似乎都不記得專門學過這些代名詞。這是因為我們都是在特定的語境下使用人稱代名詞的，孩子可以根據語言環境和當時的情況推斷出代名詞是什麼意思。

　　孩子的理解能力和領悟能力是在不斷的實踐中增加的，也因此，我們在訓練孩子的人稱代名詞理解能力時，不用格外專門進行，可以在使用的時候強調一下指向。

　　「你吃飽了嗎？」、「把我們的遙控器拿過來。」、「這是爸

爸的東西，他不喜歡別人動他的東西。」在說這些話的時候可以指向那個人，讓孩子把語言和人物聯繫起來，如果孩子用錯了代名詞，父母不要說「不是『我』，是『你』……」孩子學說話的過程中難免會出錯，父母只要示範對了就不會有問題的。

◆模仿能力的培養

由於兩歲左右的孩子能跑能跳了，相應的模仿能力也就更強了。模仿青蛙的時候可以雙腳跳，模仿鴨子的時候會把手放在身後慢慢地走來走去。這個時候模仿已經不是什麼很困難的事情了。

但有時候不是孩子肢體上不允許做模仿的動作，而是孩子腦袋裡對模仿的對象沒有概念。沒有看過鱷魚的孩子是無法模仿鱷魚的；見過靜靜地潛在水裡的鱷魚的孩子，也還是很難找到模仿的點。所以需要父母親來做示範，最好是由父親來做示範。

我們今天怎樣來模仿鴕鳥，往往是我們看到別人怎麼模仿就跟著模仿，可見模仿能力本身是需要創意和想像的，而這是最難的一步。當孩子自己想出來一種模仿的方式時，父母要及時鼓勵和配合。

為了增強孩子的模仿能力，可以帶他去各個地方看看，動物園是必去的地方之一。

另外，除了形態上的模仿能力之外，還有聲音模仿，學別人說話的聲音也是模仿，但是小孩子模仿別人的時候也許會學會罵人的話，父母不要鼓勵這樣的模仿。

讓孩子學繪畫也是一種模仿，兩歲的孩子只能畫簡單的圓形和線條，但這樣也可以開始寫寫畫畫了。如果孩子畫人物，可能掌握不好比例，但他們對大的肢體位置還是能掌握的。

一切創造都是從模仿開始的，父母可不要因為覺得模仿不文雅，就禁止孩子去模仿。

◆聲音感知力的培養

躲貓貓的遊戲其實是一種將聲音與位置結合起來的遊戲。「猜猜我在哪裡啊」，當父母這樣說的時候，孩子就會自覺根據音量的大小和強弱來辨別隱藏者大致的位置。

所以父母在和孩子玩這個遊戲的時候，要發出一些聲音來，既可以降低孩子尋找的難度，也可以讓孩子根據聲音來判斷位置，讓遊戲變得更有趣。

讓孩子聽不同風格的音樂也能增強孩子對聲音的感知力。很多名曲都有不同樂器的演奏版本，例如蕭邦的離別曲就有很多版本。可以都找來聽一聽，弦樂和打擊樂給人的感覺是不同的。

還可以播放兒歌、古典音樂、歌劇和流行音樂等不同風格的曲子。這裡不要指望孩子天賦異稟，然後表現出獨特的音樂品位，只是讓他聽一聽，感受一下，對他的聲音感知力會是一種不同的刺激。

很多孩子喜歡聽音樂盒的聲音，叮叮咚咚像泉水滴下，很有質感。而且現在很多名曲都能找到音樂盒的版本，父母如果遇到難得一

見的音樂盒音樂，也可以送給孩子作爲禮物。

◆主動獲取資訊的能力

很多家長覺得孩子太膽小，什麼都不敢做。其實家長沒有認識到孩子膽小的根本原因，是因爲自己掌握的資訊太少，對對方不瞭解。讓孩子學會主動去掌握資訊，是一種積極的處事態度，對他今後的人生都有很好的影響。

例如，在認識新朋友的時候，家長可以鼓勵孩子去接觸對方：「你好」，「我是小寶」，這樣簡單的句子，孩子可以跟著家長來說；而這就是一種積極認識別人，掌握資訊的方式。

有時候孩子會對打字機、影印機、電冰箱很感興趣，想要一探究竟，甚至做一些破壞行爲，其實，破壞行爲本身就是一種積極瞭解對方的方式。

「去看看吧」，「我們來聞一聞」，「他剛剛是怎麼做的？」這樣的啓發性的話語會讓孩子積極地去觀察生活，研究他瞭解的事情。

孩子的思維方式和父母是有點相似的，如果父母在遇到事情的時候能夠用一種積極的主動的態度去面對，孩子也會受到這方面的影響。

◆聯想記憶的能力

孩子接觸兒歌之後，父母都希望孩子能夠記住這些有趣的兒歌，比如說孩子讀過有關鴨子的兒歌，下一次遇到鴨子的時候，就希望孩子能夠記住。

事實上記憶能力和聯想能力是一對相輔相成的好朋友，聯想有助於記憶，而記憶又會刺激我們做更多地聯想。想想我們成年記一個人的名字時，總會把當時見面的情景等等都聯想起來，這本身是一種很好的記憶方法。

在訓練孩子的聯想記憶的能力的時候，需要父母做一些特別的配合。例如記數字的時候，2像鵝，如果孩子沒想起來，父母就指一指帶有鵝的圖片，讓他根據形象來回憶。

等到孩子開始學習知識的時候，聯想記憶的能力就更加重要了。死記硬背會傷害孩子的積極性，而聯想則可以把記憶變得簡單。也正因為如此，孩子在「胡思亂想」的時候，家長不要批評他，多一些鼓勵和引導，讓他的想像無拘無束，加入到孩子的想像中去，這樣也是擴展聯想能力的方式。

兒童看的書大多色彩鮮豔，形象生動，當父母要和孩子說一樣東西的時候，可以說：「就是龜兔賽跑的故事裡面那個紅顏色的什麼來著……」，孩子也會跟著想一想。

◆看圖識字的能力

兩歲就認識國字是一件不容易的事情，但有的孩子就能在家裡指著國字一個一個的讀。好像是在念書，其實是在背誦父母反覆教過的東西。

但是，孩子指著國字一個一個念的行為，卻是意義重大的，它代表著孩子知道國字和故事之間的聯繫，知道那種一一對應的關係。只要孩子對故事足夠熟悉，他們反覆地指著國字年的時候，就會把一些常見的國字記住。

幫助孩了認識東西的圖畫書則是看圖識字，一一對應的一種關係的極致。一般圖畫書都會畫一個飛機，然後下面寫下國字「飛機」，當孩子在看到飛機的圖片時，就能讀出來下而的兩個國字了。很多人在學習一門新的語言的時候，也是採用這種方式。

等到孩子掌握了圖與文字的關係之後，還可以進行這樣的訓練——遮住圖片，讓孩子看文字；或者捂住文字，讓孩子看圖片。這樣一來，文字和圖片的關聯性就更加強化了。

有一些圖畫書的圖片是表示情節的，而文字不能一一對應圖片中的資訊，這時候就是在訓練孩子的理解能力。就像《爺爺一定有辦法》那本書中，孩子可以看著圖片的變化來知道後面發生了什麼故事，這時候理解能力就提前了，父母就不要強求他一一地念出來下面的文字。

看圖識字的能力最終是爲了幫助孩子閱讀。維持孩子的閱讀興趣則是進行這種訓練的前提。

◆與同伴的交往能力

兩歲左右的孩子與同齡孩子交往的能力會比較差，因爲這個時候大家都是一種以自己我爲中心的狀態，不願意和別人分享，咬人，大喊大叫是這個年齡層的通病。

但這也不是說兩歲左右的孩子就不會有朋友，如果生活在一個穩定的社區或者幼稚園，經常見到一些熟悉的面孔，孩子們會不知不覺打成一片，鬧彆扭是在所難免的，不管是誰的孩子出現了的不禮貌的行爲，父母都要出面制止。不要以爲別人的孩子罵人自己的孩子，而自己的孩子只要聽話就不會學壞，孩子們之間是會相互模仿的。

如果孩子是因爲膽小而不敢與同伴交往，媽媽們在一開始的時候需要幫助他們一起玩，在中間擔當「協調者」的角色。幼稚園的老師就是這樣的角色，其實他們也並沒有特別神奇的辦法，就是鼓勵孩子們在一起玩，出現問題的時候馬上解決。

一般來說，在家裡有自信的孩子，出去是比較容易交到新朋友的。而比較內向的孩子在交往上會比較被動，沒有別的孩子表現得那麼優秀，但這並不是什麼缺點。內向的孩子會有一種別人無法獲得的敏銳，父母不要可以去改變他。

想要讓自己的孩子成爲一個受歡迎的寶寶，不要忘記培養他自

立、勇敢的能力。摔倒了不哭，自己能大小便等等，這些細節也會影響孩子交往的能力。

◆協調力的訓練

如果父母是瑜伽愛好者，可以帶著寶寶一起做瑜伽。瑜珈是一種很好的訓練肢體平衡的運動方式。另外，社區裡面常見的健身器材中，有很多也是全身調動，手腳並用的。父母可以帶著孩子去玩一玩。

很多音樂小神童都是從一兩歲開始學習樂器的，而樂器最大的好處就是可以訓練手、腳、腦之間的協調性。如果有能力也可以讓孩子去學一學樂器，但不要抱著發現一個音樂天才的功利想法來做。

繪畫也是一種協調能力訓練的方式，如果孩子不愛畫畫，可以讓他從塗顏色開始。一般的孩子都喜歡塗顏色。孩子可以根據參考圖的顏色來塗上相應的顏色，這是一種手與眼的配合。此外，練習翻書、模仿動物等，也是在訓練孩子的協調能力。

讓孩子自己學習穿衣服和脫衣服也是很好的一種方式。

家庭環境的支持

◆和寶寶一起看圖講故事

適宜兩歲左右的孩子看的圖畫書漸漸多了，但是大部分都是引自國外的，有一些可能對台灣的小孩子來說有點理解難度，需要父母講解。

給孩子講圖畫書上的故事，並不是想像中那麼簡單的事情。因為孩子的理解能力可能會沒有父母想的那麼好，有時候父母講了半天孩子還是不知所云。

為了避免這種情況，父母要在講解的過程注意孩子的反應，用他生活中用得到的語言來講故事。

講故事的時候和寶寶一起面對著圖片，讓孩子坐在你的懷裡聽故事，看圖。如果要訓練孩子的聽力，可以讓孩子坐在對面聽自己講，然後請孩子複述。

講故事就是簡單的情感交流，父母不要抱著強烈的教育的目的，要孩子記住三字經中的典故，這樣會增加故事的難度，讓孩子心理上有負擔，喜歡聽故事的孩子也變得反感了。

◆給予寶寶獨自玩耍的空間

　　給孩子一個獨立玩耍的空間，也是指給孩子安排一個獨立玩耍的小角落。這個時候已經可以給他一個小書架，讓他自己看書了。書架注意要放在地面上，和孩子差不多高就可以，這樣可方便他拿取書本，也不會有倒下的危險。

　　如果是全職媽媽，建議自己也看一些喜歡的小說或雜誌，給孩子一個時間去自己玩，自己思考。全天和媽媽都不分開也未必是很好的事情，人的思考能力也是在單獨玩耍的時候產生的。

　　如果媽媽實在太愛孩子了，不想看他一個人孤零零地玩，那麼要克制自己想掌握孩子的每一秒的慾望。要知道，孩子有時候會有比我們期待更好的表現。

◆多鼓勵寶寶

　　一歲半以後的孩子是渴望得到鼓勵的，所以父母們不要忽略了孩子這顆小小的心靈。當孩子自己穿衣服，自己吃飯，自己玩耍和看書的時候，媽媽要肯定他。

　　有的父母雖然很願意給孩子鼓勵，但除了說「你真棒」、「加油吧」之外就沒有更好的說法了。其實，指向明確對孩子來說很重要。

孩子有幫忙做事情的慾望但是缺乏太自信的時候，媽媽可以提前假設如果這件事情做好了會怎樣，幫助孩子往好的方面想。例如，孩子想要和陌生的小朋友玩但是又有點怕生，這時媽媽可以說：「那個小孩也一定想和我們寶寶玩呢，你們在一起一定能玩得很高興」，「他一定會喜歡你的，因為你是一個懂禮貌的好孩子。」這種暗示對孩子來說很有效。

如果孩子摔壞了東西、弄丟了東西，也不要責罵他，哪怕東西很貴重。我們是在養育孩子，而不是在保護器物。孩子的成長過程中總會有一些小損失，但那是值得的。

◆扮家家酒

扮家家酒是一種角色扮演的遊戲，孩子在扮家家酒的過程中可以模仿父母，理解日常生活中的一些行為。如果孩子喜歡玩扮家家酒，表示他對成年人的世界很感興趣，也渴望成為一個大人。

如果是這樣，那麼沒有什麼比父母把他當成一個成年人更令他高興了。這時候父母不妨多和孩子玩扮家家酒的遊戲，父母來扮演孩子，孩子來扮演家長。這個遊戲不僅挑戰父母的耐心，也能讓父母從孩子的角度去看問題，是很好的增進理解的方式。

另外，在扮家家酒的過程中，可以讓孩子盡情地發揮想像力。比如說想像有一架鋼琴，想像在小販賣部買東西等等，這樣可以刺激孩子的想像力。

◆和寶寶念念兒歌

兒歌朗朗上口，語言簡單，貼近生活，是很好的學習工具。現在有專門的兒歌專輯和兒歌書，父母可以和孩子一起學習兒歌。

兩歲以後，如果有能力可以給孩子放一些英文兒歌，和他們一起唱。但需要父母說明解釋裡面的意思。

需要注意的問題

◆可能出現的事故

一歲半到兩歲之間的孩子，能夠走和跑了，但是有一些的平衡能力不是很強，所以經常會摔倒、跌倒。加上孩子可以搬椅子往高處爬了，有欄杆也不太起作用，這個時候就要注意，不要把洗衣機等大電器的空紙箱放在屋外、陽臺等地方，防止孩子爬上去摔下來。

如果孩子在地板上摔倒撞到後腦勺，一定要注意觀察孩子的反應。如果出現嘔吐或抽搐、手足麻痺、臉色異常蒼白、瞳孔大小不一，則可能是顱內血腫。遇到這種情況，必須立即帶到醫院就診。

從高處摔下或被車撞了而昏迷不醒時，父母不要抱著孩子搖晃，應立刻送醫院急救。

孩子跑上街有可能會迷路，有時候跟著別的孩子出去玩水，可能會掉到河裡。

廚房也是多事之地。正在做飯的媽媽不要離開燒著的火和開水，因為孩子基於好奇心會想去觸摸。

如果大人有安眠藥，一定要放在孩子不易拿取的地方，因為孩

子不知道是什麼會偷偷吃。裝過飲料的瓶子，最好不要用來裝酒精和汽油，防止孩子在家自己拿了喝進肚裡。

帶著孩子外出時，有車輛的地方要牽著孩子的手，讓孩子走在內側。去海邊玩耍的時候要記得給孩子防曬。

◆皮疹

皮疹是幼兒疾病中最常見的一種身體症狀，而且幼兒的皮疹主要就是以下幾種類型，家長瞭解之後可以及時應對。

急疹：

周歲以內的嬰兒突然出疹子，可能與病毒傳染有關，冬春季最多見。皮疹多為不規則的斑點狀或斑丘疹。用手按壓皮疹可以退色。全身均可以見。

一般1~2天消退，不留痕跡。出疹的同時可能發熱，持續3~5天，有些孩子可能會出現高熱驚厥。

如果是這種情況，要多喝水，可以用一些抗病毒的藥物。如果孩子高熱可以用退熱藥。

風疹

風疹是兒童時期常見的疾病。

風疹病毒是一種透過呼吸道飛沫傳播的急性傳染病。傳染源可能是已經感染的病人，也可以是沒有發病但是帶病毒者。

群體中容易流行。這時候的皮疹是在發熱一兩天之後出現的，

遍及全身。皮疹色淡，一般在出疹後2~3天消退，很少有人會留下疤痕。風疹容易併發中耳炎、支氣管炎、腦炎、腎炎以及血小板減少性紫癜。

風疹患兒發熱時可以多喝水，可以吃抗病毒的藥物包括清熱解毒的中藥。如果體溫高於38.5℃可以用退熱藥。患兒不能接觸懷孕早期的婦女，容易引起胎兒畸形、白內障、先天型心臟病。

水痘：

水痘多見於6個月以後的各個年齡層，一般1次發病，終身免疫。水痘會在發熱1~2天後出現，軀幹、頭、腰以及頭皮多見。

丘疹、皰疹、結痂的疹子會同時存在。發熱時多喝水，吃易消化的食物，保持皮膚清潔，勤換衣服，不要抓破水皰，以防感染，只要水皰不破，一般痊癒後不留疤痕。

目前已經研製成功水痘疫苗，1~12歲接種1劑。

麻疹

麻疹是嬰幼兒常見的呼吸道傳染病，傳染性強。不過麻疹也是1次發病，終身免疫。

麻疹患兒是唯一的傳染源，大多在晚春發病。麻疹引起的皮疹，多是從耳後開始出現，然後往下蔓延到全身的，皮疹呈暗紅色。消退的順序也是從上到下。

麻疹患兒要在家臥床休息，不要直接吹風。有的孩子接種了麻疹疫苗，還是出了麻疹。這是因為麻疹疫苗注射之後，可能會出現類似麻疹的輕微的表現，這是在刺激人體產生免疫力。

丘疹性皮疹

丘疹性皮疹主要發生在夏天，多見於嬰幼兒。孩子皮膚嬌嫩，經過沙土或水的多次刺激，或者是出汗等，會導致皮膚發炎，形成皮疹。

如果出現了局部的皮疹，可以擦氧化鋅軟膏，口服維生素C。要小心預防患部感染。

痱子

夏天孩子都容易，在腋窩、頸部等出汗多的部位長出紅紅一片的痱子。

長痱子是很難受的，孩子會癢、灼熱，忍不住用手去抓。

因此在盛夏來臨之前，父母要做好預防痱子的準備，一方面是室內要通風，也要勤洗溫水澡。容易長痱子的孩子要穿吸汗的薄棉布衣服。白天的時候給孩子塗點爽身粉。

手足口綜合症

手足口病是近年來常見的一種傳染病，在3歲以下的嬰幼兒中較為常見。

本病的傳染源是病人或健康的帶病毒者。患者說話時的唾液飛沫、玩過的玩具、拿過的食物都有可能帶有病毒。

如果周圍有認識的孩子得了這種病，父母要注意隔離，讓孩子在家玩，不要出去。

要注意保持手足口病患兒的清潔，因為口腔要吃東西，手要摸東西，很容易把病毒留在空氣中。

◆哮喘

生活中有很多誘發孩子哮喘的因素，如：感冒、天氣變化、運動過度、勞累、某些食物及藥物、被動吸煙、油漆、油煙、動物皮毛、塵蟎、黴菌、花粉等，其中感冒所引起的兒童哮喘最常見。

兩歲左右的孩子有哮喘，通常並不嚴重。因為很多孩子在小時候都有類似哮喘的症狀，但是長大之後就消失了。如果因為孩子有點哮喘就不讓他運動，關在家裡，這樣只會讓孩子越來越虛弱。

在聽從醫生建議的情況下，父母不要刻意強調孩子有哮喘病，讓他活蹦亂跳地和別的孩子一起玩，多運動多訓練，身體強壯了自然也就不會再有哮喘了。

◆左撇子

在兩歲左右還看不出來孩子是否是左撇子，而且即使是左撇子也沒有關係，很多成年人是左撇子但並不影響他們的正常生活。

◆寶寶咬人怎麼辦？

1歲半以前的兒童咬人，可能是想要表達什麼想法但是自己說不清，或者是下意識的什麼都咬，可包括人。但是1歲半以後，孩子已

知道哪些可以吃哪些不能吃，也不再把什麼東西往嘴裡送了。如果寶寶這個時候咬人，媽媽可以表現出很痛的樣子，告訴他這樣不對。孩子會收斂這種行為。

如果孩子總是以咬人為樂，怎麼說也不聽，家長可以問問他假設被別人咬了是什麼感受。讓孩子從別人的角度來考慮，他們能意識自己這樣做是不對的。

也有的小孩看到別的孩子咬人，就跟著學。如果媽媽知道孩子是因為跟著別的孩子學來的咬人現象，要告訴他這樣做不對。

如果孩子是在和父母鬧著玩，那麼父母就主動提出來玩一個有趣的遊戲，來分散孩子的注意力。

◆寶寶喜歡大喊大叫

很多人最怕帶著孩子在公共場合的時候，他突然大喊大叫。這個時候給他講道理是沒有用的，縱容他或者遷就他又會養成壞習慣，怎麼辦才好呢？

其實，孩子喜歡大喊大叫，一般人是可以理解的，父母最需要注意的是他第一次出現這種情況的時候怎樣來處理。如果是在家裡，孩子高興的時候大喊大叫，父母可以用玩別的遊戲的方式來轉移他的注意力，不要讓他覺得大喊大叫可以引起父母的注意很好玩；如果是在公眾的場合，孩子第一次因為發脾氣的大喊大叫，父母要用眼神告訴他這樣做很不好。孩子對父母的眼神是很敏感的。

如果孩子對父母制止的眼神沒有反應，你可以用平靜的語氣告訴他：「你打擾到別人了，大家都在看你。」大部分的孩子都會停止哭鬧的，但也有極少數的孩子性格太強，即使有人在議論他也完全沒有收斂。這時候父母也只能聽之任之。

如果孩子在家裡總是大喊大叫，很明顯是他的精力很旺盛。一個沒有精神的孩子是不會這樣的。如果父母能夠找到管道來幫助孩子解決自己精力過剩的問題，和他一起玩各種遊戲，這個問題也就不治而癒了。

◆情緒不穩定的寶寶

一歲半以後，特別是接近兩歲的時候，孩子的情緒會進入一個不穩定的時期。因為這個時候的孩子漸漸有了自我意識，他們會希望在父母之外有一個獨立、自由的自我。

所以當父母要求他們做不太情願的事情的時候，孩子就會表現得很不配合，有時候倔強的脾氣也很令父母頭痛。

其實性格問題不是一天能夠解決的，同樣性格問題也不是一天形成的。那些脾氣不好的孩子，往往就是在有情緒的時候沒有得到父母的理解和疏導，結果情緒醞釀得變大了。因此，在對待孩子的情緒不穩定的事情上，父母一定要多一點耐心，就像理解一個青春期叛逆的孩子一樣去理解他，從他的角度來考慮問題。

當孩子感覺到自己正在被人重視和理解的時候，他們就不會用

發脾氣的方式來引起父母的注意了。

◆不要頻繁更換褓母

雙薪家庭會聘請褓母來照顧孩子的日常起居，但找到一個好褓母是一件需要運氣的事情。不愛乾淨、做事情不利落、國語發音不標準、長相不體面……很多原因都會讓追求完美的媽媽們看不慣褓母，因此會經常換人。

雖然，找一個好褓母來帶孩子很重要，但因為找不到合適的人就頻繁換褓母卻是不好的。這個時期的孩子還比較黏人，而褓母又是他最親密的人，和褓母穩定的情感是對缺少父母關愛的一種補償。

孩子熟悉一個新面孔需要一段時間，而剛等他熟悉之後就換掉褓母，孩子就會有不安定感。如果遇到孩子很喜歡的褓母，父母強行換掉也會傷害孩子的感情。如果對褓母不是很滿意，不如媽媽們自己帶孩子，這樣很多問題就消失了。

Education: Age 1 ~ 6

2歲到3歲

◆──── Education: Age 1 ~ 6 ────◆

懷孕這檔事：寶寶1～6歲聰明教養

發育情況

2~3歲孩子的生長速度會慢下來,主要是頭部的生長速度減慢,但腿部和軀幹生長速度加快,身高也就增加了不少,身體看起來比較均衡了,隨著肌肉張力的改善,孩子的姿勢變得更加直立。

2歲以後,同齡孩子之間的身高和體重差異也會很大,有的孩子可能長得很快,有的孩子則長得比較緩慢,有些健康的孩子的發育速度比其他同齡人稍慢。

到3歲時孩子的生長速度一般可恢復正常,但青春期他們的身高也可能達不到這個年齡的標準身高。學齡前的生長停滯現象可能是發生了其他問題的訊號——也許是腎病或肝病,或復發性感染等慢性疾病,極個別的情況下,激素分泌紊亂或慢性疾病的胃腸道併發症可引起生長緩慢。

學齡前兒童每年增高6公分,體重每年增加大約2公斤。另外,因為生長速度減慢,這樣的兒童進入青春期的時間也較晚。

在兩歲半左右,孩子的20顆乳牙出全,自身免疫力快速增長,但抗病能力依然較弱。

體重:

男童體重平均值爲12.24~13.95公斤

女童爲11.66~13.44公斤

身高：

男童平均值爲87.9~95.1公分

女童爲86.8~94.2公分

具備的本領

　　2歲以後的孩子更喜歡運動，他們跑起來更穩、更協調。也能學會踢球並能掌握球的方向，扶著欄杆能自己上下臺階，並能穩當地坐在兒童椅上。對身體操縱更加靈活，後退和拐彎也不再生硬。走動時也能做其他的事情，例如用手、講話以及向周圍觀看。他們可以腳步交替上下樓梯、學會騎三輪車、順利彎腰而不倒下。

　　2歲的孩子已經可以輕易地翻書、疊6塊積木的塔、脫鞋以及拉開大的拉鍊。他的手腕、手指和手掌可以進行協調的運動，因此能旋轉門把、轉開廣口瓶的瓶蓋、用一隻手使用茶杯並能剝開糖果紙。遞給他一枝蠟筆，他會將拇指和其他手指分開捏住蠟筆，然後笨拙地將食指和中指伸向筆尖，透過直線和曲線創作自己的第一件藝術品。

　　這麼大的寶寶不僅能聽懂大人的大部分話語，而且能利用正在快速增加的超過50個以上的詞彙說話。這一年中，他逐漸從說2個或者3個單詞的句子，如「喝果汁」、「媽媽，吃餅乾」轉變為可以說4~5個、甚至6個單詞的短句，例如「爸爸，球在哪裡」、「洋娃娃坐在我腿上」等等。

　　此時，寶寶的記憶力和智力也有所發展，開始理解簡單的時間

概念，例如「吃完飯後再開始玩耍」。他也開始使用代名詞（我、你、我們、他們），理解了「我的」概念（「我要我的茶杯」「我見我的媽媽」），理解身體的關係（在上面、在裡面、在下面）。

　　這個年齡的孩子可以領會故事的情節，理解並記住書中的許多概念和資訊片斷。到了歲末，隨著他的語言技能變得更加熟練，他也能夠重複一些有趣的音節和小詩。但與2歲的孩子講道理一般非常困難。

　　2歲時，孩子觀察這個世界時幾乎只關心自己的需要和渴望，因此不會控制自己有時候會和別人搶東西、不願意讓步，協作意識比較差。但他會很快地度過這個階段。

　　大部分玩耍時間裡，孩子喜歡模仿其他人的行為方式和活動，模仿和「假裝」是本階段最好的遊戲。因此，2歲孩子將玩具熊放到床上或餵他們的洋娃娃吃飯時，並在告訴玩具熊睡覺或讓洋娃娃吃菜時，你會聽到他使用的詞彙和語調與你完全相同。

　　2歲的孩子脾氣比較難以捉摸，很想探索外面的世界並尋求冒險經歷，結果他用大部分時間來測試極限──自己的、你的和環境的，但他仍缺乏在冒險過程中所必需的許多技能，因此需要你的保護。

　　2歲的孩子越感到自信和安全，就越獨立，而且表現可能也越好。鼓勵他按照成熟的方式行事，可以幫助他發展這種積極的情感。他開始探索什麼可做，什麼不可做。他會反覆嘗試，所以關鍵是你設定的可做與不可做標準要保持一致。

養育要點

◆注意微量元素的補充

2~3歲是寶寶成長發育的又一個快速時期，此時尤其要注意均衡飲食，全面為寶寶提供成長所需的各種營養。

除了維持日常生活的蛋白質、脂肪和碳水化合物之外，也要注意微量元素的補充。食物自然是最佳的補充來源，如無特殊需要，就沒有必要為寶寶進行藥物補充。

富含鈣的食物：

牛乳製品、蝦皮、豆類製品、芹菜、黑芝麻、綠花菜等蔬菜；

鈣與鎂的比例為2：1時，是最利於鈣的吸收利用的了。所以，在補鈣的時候，切記不要忘了補充鎂。

富含鎂的食物：

堅果(如杏仁、腰果和花生)、黃豆、瓜子(向日葵子、南瓜子)、穀物(特別是黑麥、小米和大麥)、海產類(金槍魚、鯖魚、小蝦、龍蝦)。

富含鐵的食物：

蛋黃、動物肝臟、雞胗、黑木耳、芝麻、牛羊肉、蛤蜊、紫菜、穀類、豆類、瘦肉、乾果、魚類等（吃含鐵高的食物忌飲茶）。

動物性食品中的鐵較易吸收，吸收率可達20%，植物性食品因含植物酸而影響鐵的吸收，吸收率一般在5%左右。膳食中的蛋白質和維生素C能提高鐵的吸收。

富含鋅的食物：

平時多攝入些含鋅豐富的食物，如動物肝臟，全血、肉、魚、禽類，其次是綠色蔬菜和豆類。牡蠣、牛肉、肝臟、田螺、魚肉、瘦肉的鋅含量高且易於吸收。還有南瓜、茄子、菇類、板栗、紅棗、核桃、花生、小米、蘿蔔、大白菜等。

富含碘的食物：

海藻類食物，如：髮菜、紫菜、海帶、裙帶菜。

富含硒的食物：

豬腎、魚、海蝦、螃蟹、海蜇皮、羊肉、鴨蛋黃、鵪鶉蛋、雞蛋黃、牛肉；蘑菇、茴香、芝麻、麥芽、大杏仁、枸杞子、花生、黃花菜、豇豆、穀物、大蒜、蘆筍、洋蔥、萵苣等。

富含維生素A食物：

肝臟、羊肝、牛肝每100克含維生素A約5萬IU。奶類、黃油、乳酪和蛋類維生素A中等含量。牛肉、羊肉、豬肉中維生素A含量較低。植物性食物中富含類胡蘿蔔素的蔬菜、水果有南瓜、胡蘿蔔、深綠色葉子蔬菜、馬鈴薯、芒果、杏、番茄等。因為肝臟中鐵的含量也很高，維生素A和鐵還可以相互促進吸收和利用。

富含維生素D的食物：

含維生素D最豐富的食物為魚肝油，動物肝臟和蛋黃，牛奶與其他食物中含量較少。維生素D2來自植物性食品，一般說來，人只要能經常接觸陽光，在一般膳食條件下，不會造成維生素缺乏。

以牛奶為主食的嬰兒，應適當補充魚肝油，並經常接受日光照曬，有利於生長發育。

富含維生素E的食物：

奇異果、堅果（包括杏仁、榛子和胡桃）、瘦肉、乳類、蛋類、還有向日葵籽、芝麻、玉米、橄欖、花生等壓榨出來的植物油。包括紅花、大豆、棉籽和小麥胚芽（最豐富的一種）、菠菜和羽衣甘藍、甘薯和山藥。萵苣、黃花菜、高麗菜等綠葉蔬菜是含維生素E比較多的蔬菜。魚肝油也含有一定的維生E。

富含維生素B1的食物：

主要來自穀類食品，瘦肉及內臟較為豐富。豆類、種子或堅果中也含有。

富含維生素B2的食物：

動物肝臟、心、腎、乳類及蛋類食物中含量尤為豐富，豆類食物含量也很豐富，綠葉蔬菜和野菜中也含有大量的核黃素。

富含維生素B6的食物：

蛋黃、麥胚、酵母、動物肝、腎、肉、奶、大豆、穀類、香蕉、花生、核桃等都是富含維生素B6的食物。人體腸道細菌也能合成維生素B6。

富含維生素B12的食物：

其主要來源是肉類，動物肝臟、牛肉、豬肉、蛋、牛奶、乳酪；和極少數的植物，例如螺旋藻類。而植物性食物一般都不含維生素B12。

富含維生素C的食物：

其主要來源是新鮮的蔬菜和水果，水果中以酸棗、山楂、柑橘、草莓、野薔薇果、奇異果等含量最高；蔬菜中以辣椒含量最多，其他蔬菜也含有較多的維生素C，蔬菜中的葉部比莖部含量高，新葉比老葉高，有光合作用的葉部含量最高。

乾的豆類及種子不含維生素C，但當豆或種子發芽後則可產生維生素C。

◆控制吃飯時間的辦法

孩子小的時候，總是餓了就要吃，但如果習慣不好，容易引起小兒消化不良、肥胖、胃口不佳等問題。因此，控制好寶寶的進餐時間也很重要。

一般來說，這個年齡階段的孩子進食的節奏是：早餐、午餐、下午點心、晚餐和睡前的牛奶。孩子已經長出了乳牙，他們的食物從液態逐漸轉換成固態，可以開始吃炒的肉絲、硬皮的麵包、生菜、蘿蔔、芹菜和藕等。

控制寶寶吃飯的時間，並不需要特別的竅門，主要是和爸爸媽

媽吃飯的時間保持一致。早上八點早餐，中午十二點到一點之間中餐，下午三四點可以吃一點零食點心，晚上六七點晚餐，睡覺之前喝一杯200毫升牛奶。

如果孩子不肯在吃飯的時間吃飯，而等到不是吃飯的時間又要吃東西怎麼辦？最好是不要遷就他，除非是生病了，起床太晚了或者晚上有事情睡得較晚。偶爾餓一餓也不會有問題，讓孩子養成良好的進餐習慣更重要。

如果孩子沒有食慾，看看是不是身體不舒服，另外，運動量小的孩子胃口也沒有喜歡動的孩子胃口好。

三歲前的孩子，最好不要給他吃巧克力。

◆飯量不加也正常

2~3歲的孩子，成長的速度是不一樣的，有的孩子長得快，運動得多，飯量增大；有的孩子成長的節奏慢一些，和之前相比飯量沒有增加，也沒有關係。

這個時期，孩子開始用牙齒咬硬的食物，所以媽媽不要催促孩子快點吃，讓他養成細嚼慢嚥的習慣。但注意不要讓孩子在正餐之前還吃零食，這樣他們吃正餐的飯量就更小了。

◆零食的選擇

孩子喜歡吃甜食，其實與孩子運動量大需要能量補充也是有關的。但甜食吃太多容易蛀牙，也容易長胖，因此甜食不要給他很多，每天定量幾顆糖就可以了。

這個年齡層的孩子可以吃水果了，多給他們吃水果有助於消化和吸收。也可以給孩子們喝果汁，最好是新鮮的果汁，很多便宜而又顏色鮮豔的果汁可能含有很多化學物質，儘量少讓孩子喝。

這個時期的孩子最好不要吃巧克力，是因為一旦吃了巧克力他們對別的零食就失去了興趣，會一直吵著要。巧克力吃多了會引起噁心、煩躁、流鼻血和蛀牙等問題，加上孩子在這個年齡階段性格很不穩定，家長最好不要讓孩子吃巧克力。

有的親友和長輩為了表達對孩子的喜愛，會帶著他去超市讓他隨意選自己喜歡的東西，對大部分孩子來說，他們都不會客氣。這樣容易養成壞習慣。家長不要這樣做，也告訴親友們不要這樣做。

如果別人給孩子零食，要鼓勵孩子向對方說「謝謝」，並告誡孩子，不要吃陌生人給的東西。

◆防止失調性營養不良

三歲以下的嬰幼兒容易營養不良。哺乳不足、餵養不當、寄生蟲或細菌感染、病後失調等均可引起。輕者表現為食慾不振、腹脹腹瀉、面黃肌瘦；重者可見面色萎黃、皮膚毛髮乾枯、頭大、腹部脹大，甚至出現發育停滯、腿軟不能行走等嚴重症狀。

重症佝僂病、重症貧血、維生素A缺乏症、營養不良性水腫等也屬於營養不良，只要有輕微感染就導致這些營養不良兒成為重患，若肺炎、腦膜炎、結核等，則又加重營養不良，形成惡性循環。

按照中醫的理論，透過疏通經絡、流暢氣血、調和臟腑。可使脾胃功能在正常的氣血運轉中恢復正常，使人胃口轉好，體重增加。這樣孩子氣色逐漸紅潤了，其他症狀也就會隨之而去。

為了預防營養不良，家長需要注意孩子生活中的一些細節：

情緒變化

如孩子變得鬱鬱寡歡，反應遲鈍，表情麻木，多提示體內缺乏蛋白質與鐵元素，應多給孩子攝取一些水產類、肉類、乳製品、畜禽血、蛋黃等高鐵、高蛋白食物。

若孩子憂心忡忡，驚恐不安、失眠健忘，可能表示體內B群維生素不足，此時補充一些豆類、動物類肝臟、核桃仁、馬鈴薯等B群維生素豐富的食品大有裨益。

如果情緒多變，愛發脾氣，這與吃甜食過多有關，醫學上稱為「嗜糖性精神煩躁症」，除減少甜食外，多給予富含B群維生素的食物大有必要。

至於固執任性，膽小怕事，則可能維生素A、B群維生素、維生素C與鈣元素不足，所以動物類肝臟、魚、蝦、奶類、蔬果等食物便成為必吃食品了。

行為反常

不愛交往，行為孤僻，動作笨拙，多為身體內缺乏維生素C的結

果。在飲食中添加富含此種維生素的食物如番茄、橘子、蘋果、白菜與萵苣等為最佳「治療方法」，奧妙在於這些食物所含的維生素C等物質可增強神經的訊息傳遞功能，從而緩解或消除這些症狀。

行為與年齡不相稱，較同齡孩子幼稚可笑，表示氨基酸不足，宜增加高蛋白食物如瘦肉、豆類、奶、蛋等。

夜間磨牙，手腳抽動，易驚醒，常是缺乏鈣元素的一個訊號，應及時增加綠色蔬菜、乳製品、魚鬆、蝦皮等。

喜吃紙屑、煤渣、泥土等異物，稱為「異食癖」，多與缺乏鐵、鋅、錳等元素有關。海帶、木耳、蘑菇等含鋅較多，海產品中鋅、錳含量高，應是此類孩子較為理想的盤中餐。

長期腹瀉，先天性畸形如唇裂、齶裂、幽門狹窄、賁門鬆弛，過敏性結腸炎，頻繁嘔吐等，影響食物的消化與吸收；肝炎、腎炎、肺結核、肺炎、肺膿瘍、麻疹、百日咳、敗血症。因長期發熱，食慾不振，消耗增加而致營養不良；低體重兒、雙胞胎、多胞胎或因難產及窒息等意外引起的體弱兒容易營養不良；長期不吃雞蛋、魚、肉而只吃素食，使蛋白質攝入不足都容易引起營養不良。

營養不良的幼兒應選含優質營養素、高蛋白、高熱量而易消化吸收的食物，並同時給予充足的多種維生素。嬰兒以母乳、牛乳、乳製品為最合適。重症可先試用脫脂奶，逐步過渡到半脫脂及全脂奶。也可用豆漿、豆奶給小兒當主食。

每日吃少量魚泥和植物油。如果消化功能好，逐漸過渡到蒸蛋、肉末、肝末以補充蛋白質。

碳水化合物以米湯、稀粥、米糊過渡到稠粥、麵條，兩歲後可以吃軟飯。魚和蒸蛋是比較容易消化的。

豆製品對營養不良嬰兒也比較適宜。鰻魚和黃鱔營養價值雖高，但不易消化，有時反而會引起腹瀉或食慾不振。增加營養應從少到多、少量多餐開始，切不能操之過急。

◆防止失衡性營養過剩

為了讓孩子健康點，很多媽媽總是希望孩子能吃得越多越好，小時候長得胖乎乎的更可愛，將來長大了自然就不會胖下去了。

其實這樣的想法是危險的，吃得太多或者補得太多，一方面引起小兒的肥胖，不利於肢體靈活，另一方面可能引起性早熟，甚至對兒童智力發育也會構成負面影響。

營養過剩對兒童智力的影響主要是引起「不協調性」，表現為視覺與運動之間協調性差，瞬間記憶與手眼運動配合能力差。這種「不協調性」使得兒童的動作顯得笨拙，反應能力不如同齡的正常體重兒童，對兒童日後的學習與生活有一定的不利影響。

研究還證實，「不協調性」的程度與營養過剩的程度成正比，因而在重度營養過剩(重度肥胖)兒童身上這種「不協調性」的現象尤為明顯，使得這些兒童的總智商低於正常兒童。

因此，父母們要特別關注兒童的營養問題，自幼給予科學餵養，既要防止營養不良又要避免營養過剩。如果兒童呈現營養不良或

營養過剩，那麼，家長不僅要加強兒童飲食結構的調整，以改善營養失衡狀況，還要注意觀察兒童的智力狀況，加大教育力度，以促使其像其他孩子那樣發育正常。

營養過剩與我們總是把「最好的」東西留給孩子吃有關。我們通常理解的「最好的」，就是價格不菲的、難得見到的、進口的和營養豐富的。很多家長疼愛孩子，就總是極力在飲食上滿足他，給他吃「最好的」食物。

事實上一個孩子在成長期所需要的營養是有限的，也不需要專門吃那些加工精緻的食品，對孩子來說，天然的、高纖維的、顏色豐富的食物就很好了，沒有必要追求大人心目中「最好的」標準。

◆什麼都吃是最好的

孩子不挑食，什麼都吃是很好。但是正因為有這樣的孩子存在，家長往往就認為那些有些東西說什麼都不吃的孩子不好，會引起營養不良。

其實，每個人都有自己的口味喜好，兩歲多的孩子也不例外。而且孩子在某一個階段會喜歡吃一些東西而不喜歡吃另外的東西，例如很多人小時候特別喜歡吃糖但是長大了就不吃了，也有人小時候不吃蔥花但是長大了又願意吃了。所以家長不要特別在意孩子是不是什麼都吃，也不要強調「這種東西很好的」，而「這些不值錢的東西沒有營養」。

讓孩子按照自己的口味來選擇吃什麼，如果有完全不吃的東西，用其他選擇來替代這一道菜就可以了。

◆注意口腔的衛生

　　兩歲的孩子要不要刷牙？答案是要。尤其是孩子吃了甜食之後，晚上家長一定要協助他做好口腔的清潔工作。

◆睡眠問題

　　兩歲多的孩子喜歡咬手指，有時候他們也會咬著手指入睡。很多孩子到了三歲以後就沒有這個習慣了，如果媽媽想要儘早改掉他的這個習慣，可以在孩子入睡前輕輕握著他的手給他講故事，持續一段時間，孩子就能自覺忘了咬手指的習慣。

　　有的孩子喜歡跟著大人一起看電視，然後在不知不覺中睡去，爸爸媽媽再把他抱上床。其實這樣並不好，孩子希望能夠和爸爸媽媽多待一段時間，那麼爸爸媽媽最好能夠和孩子講點故事，不要光顧著自己看電視。

　　成人的電視節目孩子看不懂，但會留下一些印象。孩子晚上做夢如果容易驚醒，家長一定要停止睡前看電視的這個習慣。

　　如果孩子晚上睡覺喜歡抱著毯子入睡，可能是在尋找媽媽擁抱的感覺，以後慢慢就會好了。

兩歲多的孩子最好不要太晚睡覺，養成了晚睡的習慣，對父母來說也是一件很麻煩的事情。

◆哪種圖畫書適合寶寶

兩歲的寶寶可以聽一些簡單的故事，爸爸媽媽最好選擇那種形狀簡單，故事情節也不複雜，語言很有趣的繪本。

如果要選擇那些認識地理、天氣的畫冊，還不如帶著寶寶看身邊實際的東西，他們會更感興趣。

◆教寶寶控制排便

兩歲多的孩子是可以自己控制上廁所的，但不排除個別情況。家長在培養孩子上廁所的時候，要知道以下情況是不適合孩子養成排便習慣的：

1.家裡有新生嬰兒

2.新褓母接手

3.寶寶換床

4.搬家

5.家庭關係出現問題

6.有家人生病的時候

有一些跡象可以看出寶寶能夠開始用廁所了：

1.每天有幾個小時尿布都是乾的

2.對他人上廁所很感興趣

3.大便的時間很有規律

4.要大便的時候會有所反應，例如蹲下或者會發出聲音

家長可以用便盆幫助孩子學會排便。便盆讓孩子覺得這種轉變是非常新奇刺激的活動，但不要強迫孩子坐便盆。這樣只會讓他們覺得很不高興，這對學習的過程沒有任何幫助。

很多小孩會害怕聽到沖馬桶的聲音或者不喜歡看到糞便被沖走，如果你的孩子是這種情況的話，可以先讓他們去玩然後再沖馬桶。

如果遇到狀況的時候儘量不要跟孩子發脾氣，注意繼續鼓勵他。另外，記住教孩子如廁後要洗手，從一開始就讓他們養成便後洗手的習慣。

◆入幼稚園前的準備

有的孩子兩到三歲就會被送到幼稚園，他們這時候會對媽媽有依賴性，比一歲多的孩子容易認生，所以正式入園之前，需要媽媽陪讀一段時間。

一開始媽媽可以和孩子一起待在幼稚園裡，幫助孩子熟悉老師和同學，最好能認識一些比較玩得來的同伴。這樣持續一周或者十天之後，幼稚園的老師和孩子們漸漸熟悉了，孩子就能離開媽媽了。

媽媽或者爸爸去接孩子的時候要準時，否則容易引起孩子的不安。在入園之間，爸爸媽媽也要想好接送孩子的時間問題，不要等到入園之後才發現自己沒有時間接送。

◆讓寶寶自主穿衣

　　兩到三歲的孩子手腕可以拉開拉鍊，也可以試著扣釦子了，穿衣服也可以學會，不過速度會比較慢。冬天的衣服對他們來說就比較困難了，媽媽們要鼓勵他們試一試。也可以先打開一部分，讓孩子接著做。

◆電視的管理

　　實在很忙的父母發現孩子安安靜靜坐在電視機前看，表情還很專注，會覺得找到了一個「托兒」的辦法，總是讓孩子看電視。

　　小孩看電視也容易上癮，覺得裡面的有些很滑稽的東西，會跟著哈哈大笑，但是並不太懂裡面的意思。如果已經看了一段時間的電視，突然家長不讓孩子看了，孩子也會哭鬧。所以最好開始的時候就不要讓孩子養成看電視的習慣。

　　兩歲多的孩子喜歡模仿，而電視正是他們模仿的一個對象。現在很多節目都很娛樂化，孩子如果養成滑稽搞笑的習慣，就很難改正過來。

從一開始，爸爸媽媽就不要總是帶著孩子看電視，如果是看成年人的娛樂節目，不要鼓勵孩子學習。如果孩子從電視裡面學了一些動作和語言，家長更不要覺得好笑而鼓勵他在表演一次。這樣會讓孩子為了取悅家長而總是學習電視裡面的成人。

　　當孩子說「煩死啦」這樣的話時，家長要嚴肅一些，讓他知道這樣並不好。

能力的培養

◆獨立性和自律能力的培養

對2~3歲的孩子來說，有幾樣事情是值得驕傲的：不用穿紙尿褲了，可以自己吃飯了，可以說一些詞彙來表達自己的想法，和大人在一起的時候漸漸擁有了「發言權」……這些對他們來說，都是人生中的一次跨越。

如果孩子正處於上述變化的過渡時期，例如還不能完全去掉尿布，吃飯需要家長餵、說話不是很流利，發音也極不標準，那就需要爸爸媽媽的協助，讓寶寶順利完成「蛻變」。

去掉尿布是一個循序漸進的過程，有的媽媽喜歡等孩子完全能控制小便之後再拋棄尿布，有的媽媽寧願讓孩子嘗一嘗尿褲子的苦頭，也要強制性地換掉尿布。這兩種都沒有錯，不過媽媽們需要明白，孩子對新的環境和便盆可能會有恐懼，由於緊張而便不出來也可能出現，家長需要幫助孩子熟悉環境，不要讓他們害怕廁所。有的孩子很害怕沖水的聲音，但是沖水幾次之後，孩子就會開始喜歡放水沖馬桶。於是孩子們會希望上廁所，這樣他們就可以沖水玩了。

很多孩子在第一次坐到坐便盆上去的時候會害怕掉進去。孩子坐在坐便盆上的時候，家長要扶著寶寶，讓他對坐便盆不要有恐懼和排斥感。

不能自己吃飯的寶寶，多半是家長太寵愛他們了，其實讓孩子自己學會用湯匙，對他們的平衡感和手腕的靈活度的提高都有幫助，家長應該把這樣的學習機會還給孩子。即使孩子經常把米飯挖到鼻子上，他們也會慢慢想辦法下一次更準確一點。媽媽們要多給點耐心，讓孩子一步一步學會。

有的孩子說話早，有的孩子說話晚，但普遍在兩歲以後都能請教長輩、說常用的詞語。如果三歲以後還不能開口說話，家長就必須帶寶寶到醫院檢查發音器官是否健康，或者是否有發音上的心理障礙。

很多家長在和寶寶說話的時候，不自覺的就用一種不自然的語氣和語調，其實和孩子交流，只要把語速稍為放慢一些，咬字清楚就可以了，沒有必要去說「寶寶們的話」。

◆自我解決問題能力的培養

孩子在成長的過程中會遇到各式各樣的問題，例如吃飯不能準確的吃到嘴裡、說話不清楚、尿褲子、和小朋友搶東西、走路經常摔倒等等，隨著年齡的增長，他們還會遇到新問題，哪怕成年之後，也還是要面臨成年人應該面對的問題。所以，讓孩子擁有自己解決問題

的能力，是一件讓他們受益終身的事情。

對一個成年人來說，獨立解決問題需要經驗、判斷力、執行力和耐心，還需要學會合作，其實這些對一個兩歲的孩子來說也是一樣的。由於孩子的經驗很少，他們遇到問題的時候常常只能用自己最本能的方法來解決，但隨著經驗的增加，他們就會學會該如何去處理問題。家長需要在出現問題的時候，給予指導而非直接替他們完成。

◆模仿能力的培養

對於兩歲多的孩子，家長們都會感慨孩子的模仿能力實在太強了。

一般去醫院看到醫生給病人打針，孩子們回家後都能準確的模仿推注射器、用棉球消毒、打針和按住針扎的地方這 系列的動作。

看到爸爸刮鬍子，小男孩一般都會很感興趣，學著刮自己的臉，所以，家裡有一個超級模仿王時，除了驕傲和驚訝之外，爸媽也要開始注意自己的言行了，因為孩子正在觀察你！

如果寶寶的模仿能力不是很強，對新事物也沒有表現出很大的興趣，那麼爸爸媽媽可以引導孩子開始模仿。如果在床上模仿大象走路，和孩子看完畫冊之後，可以和他一起模仿其中的動物、人物和對話。

生活中還有很多可以模仿的地方，比如公車報站、開車、超市結帳等等，爸爸媽媽可以帶著小孩一起做遊戲，來完成這些事情。

有的小孩看到別的嬰兒吃奶，他們會掀起自己的衣服給布娃娃或者動物「餵奶」，要不要阻止這種行為呢？或許在我們成年人看來，這樣做不是很文雅，但小孩子其實就是在簡單的模仿而已，沒有別的意思，家長沒有必要指責他。很多小孩都經歷過學媽媽哺乳的時期，過了這個時期就好了，有時候可能只會學一次就沒有興趣了。

◆合作精神的培養

這個時期的寶寶主要還是和家人接觸，有一些上了幼稚園已可以和同齡孩子接觸了，但「交際圈」還是很簡單的。由於兩歲的孩子正處於形成自我意識的階段，難免有自私、發脾氣、極端和依賴大人的情況，這時候給他們講道理會比較困難，要培養合作意識，也就只能從生活細節中下手。

例如和寶寶一起上街，可以請寶寶幫忙提著輕一點的東西，並鼓勵他做的好，讓他覺得能幫忙做事情是一件很快樂的事情。家裡來了客人，請寶寶拿出水果來招待客人，對方通常都會說「你真乖」「謝謝」這樣的話，對寶寶積極做事情是有激勵作用的。

如果寶寶特別不願意將自己的東西讓給別人，父母不要在這個時候強制拿走他的東西。等到事情過去，寶寶的情緒穩定之後，父母可以和他談談這個事情，告訴他不要再這樣做。

父母多給寶寶一點時間和機會做事情，他們會更樂於合作。

◆創造力的培養

創造力和注意力總是結合在一起的，孩子的專注時間越長，他們越有可能進行創造性的活動。孩子的注意力從1歲起開始不斷地發展，一般來說，1歲半時的注意力在5~8分鐘，2歲10~20分鐘，2歲半10~20分鐘，到了3歲時間更長一點，他們能長時間地注意一個事物，自己也能獨立地玩較長的時間。

如果你給孩子一些畫筆和紙，兩歲的孩子畫出來的往往是不規則的圓和一些簡單的線條，他們這時候還不能畫出四邊形、米字格。家長可以提供一些可供模仿的作品，買一些專門給寶寶學畫畫的畫冊或者積木。

如果寶寶開始模仿你，或者模仿別人說話、做事，哪怕這些事情的內容不是很體面，家長也不要大驚小怪加以制止。讓孩子自由的模仿任何他有興趣的事情，也是在培養他們的創造力。

◆情緒控制力的培養

人的性格叛逆期有兩個，一個是2歲時，一個是16歲時。16歲青春期家長們都能理解，而2歲也和「青春期」一樣，是孩子成長中的一個轉型時期。這時候的寶寶時而高興時而暴躁，有時候一定要一樣東西，有時候又特別排斥一樣東西，顯得「不講道理」。其實這些都

是正常的。

　　父母一方面要認識到這個時期的寶寶難以控制情緒是正常的，多一些理解和耐心，另一方面要幫助寶寶學會控制自己的情緒，幫他在要發脾氣的時候轉移注意力。

　　當孩子發脾氣時，父母也會跟著很煩躁，因此控制好自己的情緒，是幫助孩子改善脾氣的第一步。深呼吸幾次，告訴自己「這是兩歲寶寶的正常表現」，這樣會將心中的火氣壓下去很多。

　　當你已經感覺到孩子開始煩躁不安時，就用他有興趣的事物吸引他，轉移即將爆發的情緒。譬如「媽媽今天聽到一個好聽的故事，快點過來，媽媽講給你聽！」或「媽媽有一顆很好吃的糖，要給一個乖寶寶吃！」寶寶有喜歡的卡通人物，父母可以拿來吸引他，甚至假裝生氣、哭泣或者開心，來排解他的情緒。

　　如果孩子在鬧脾氣時帶點試探性質，那麼父母越是表現得在乎，他就越有可能得寸進尺。所以，在不涉及到安全也不會很影響他人的情況下，就讓寶寶鬧個夠，等他安靜下來後，再去處理。

　　美國家庭通常習慣把突然發脾氣的孩子放到另一個房間裡，等他冷靜之後再像沒有發生什麼一樣繼續玩，不過這樣做要考慮到執行的安全性，不能讓孩子關在黑暗的屋子裡面感到害怕。

　　無論孩子處於何種情況下，父母都要試著從孩子的角度來思考問題。你要知道，他能看到的視野比你低一米多，他能知道的事情比你少二三十年，不要一方面把他當成小寶貝一樣寵他，一方面又期待他能夠像個成年人一樣成熟懂事。

◆認知能力的培養

2歲半的孩子大多能進行顏色命名，但正確率不高。他們這時候已經有自己喜歡的顏色了，紅、黃、綠、橙、藍等鮮豔的顏色都很受這個年齡階段孩子的歡迎。

80%的孩子能用語言表達出物體大小的感覺，也能從大小不等的東西中找到自己想要的。但2歲多的孩子對時間還沒有明確的概念，他們可能知道有關時間的詞語，但不能正確的運用。一些剛剛教會的東西，隔幾十天或幾個月再看，還能回憶起來。

這個年齡階段的孩子認知能力已經大大提高了，他們開始熟悉周圍的環境，能夠知道左右，對方位也有了感覺，並且知道常見物品的用途。

如果孩子還不能達到上述水準，父母可以有意識地幫助孩子提高。比如幫他購買一些顏色不同的玩具，在寶寶的小房間裡擺設不同顏色的裝飾物品；可以懸掛一些小動物，也可以自己畫一些小汽車、飛機等和孩子一起認。

這個階段的孩子模仿能力很強，所以父母在這個時候，就不要再把孩子當成什麼都不懂的小不點了，要做好父母的表率工作。

◆獨立思考能力的培養

對於一個2歲寶寶來說，他還不太可能思考自己是誰，爲什麼來到這裡這樣的抽象問題，生活中鑰匙開鎖、電鍋煮米等現象更讓他們著迷。他們可能不停地開冰箱門，想知道裡面有什麼；可能會總是把喜歡的東西藏到一個角落裡，但自己又忘了去管理那個角落，以至於不久就會被媽媽發現。

但凡他們可以觸碰的地方他們都想去按一按，想看看接下來會發生什麼事，這就是他們最大的思考點。

這個時候，父母可以透過一些日常用具的使用，讓孩子知道幾樣東西之間的聯繫。電與照明、煮飯、保溫、洗衣服都是有關聯的，火與炒菜、火災等也有關係。

透過這種從一個點發散到很多事物的聯想思考認識，可以幫助孩子建立豐富的思考空間。他們會想出比我們預想的還要神奇的念頭。

另外，父母最好在這個階段帶著孩子一起到處走一走，讓他們對新鮮的事物產生濃厚的興趣。

2歲多的寶寶進入叛逆期，喜歡和家長作對，這時候家長也要用成年人的境界和心態來面對，包容他的無理取鬧，孩子破壞了東西的時候也不要太心疼東西，成長和進步總是要付出代價的。在一個寬容的環境中，孩子的思維會更加活躍。

家庭環境的支持

◆身體的接觸

　　哈佛醫學院神經生物學教授就孩子成長與父母的關愛做過一項研究，她提出缺乏愛的觸摸，會影響孩子的成長。例如，缺乏擁抱就可能造成內分泌失調。

　　愛不僅對感情的發育有著良好作用，而且是身體成長的強大動力。現在越來越多的年輕父母開始學習西方國家，用直接而熱烈的方式來表達對孩子的愛，但也有一些父母不太喜歡和孩子親吻、擁抱，覺得不自然。

　　其實，身體接觸不光是親吻和擁抱，拍拍肩膀，拉拉手，摸摸頭，輕輕地撫摸一下也是傳達愛的方式。

　　父母不要小看這些身體動作，它們也是一種語言，是向孩子傳達「我好喜歡你」「沒關係」「你真聰明」這樣的資訊。這些身體接觸可以增強孩子的信心，使他們在與人相處的時候也能更加自然。

　　當然，打屁股也是一種身體語言，是在懲罰孩子的錯誤，同時也告訴他「你做錯了」「以後不要這樣了」。還有的父母會揪耳朵、

扯頭髮，這些都是很不友善的身體語言，會讓孩子產生不安全感，他的整個身體都處於警惕不安的狀態，也會影響正常的身體發育。

身體接觸應該是善意而自然的，更主要的是經常的。晚上睡覺之前親親他的小臉蛋，這樣每一次入睡對孩子來說都是一件幸福的事情。

另外，身體接觸也因人而異。例如對男孩子來說，父親的身體接觸很重要，拍拍他的肩，像對待男人一樣搭著他的背，這些動作可使男孩子的表現越來越勇敢。女孩喜歡被爸爸頂在肩頭，喜歡被爸爸高高舉起。

與男孩子的直接身體接觸在最初幾年很重要，而女孩子最需要父母的愛撫和關懷的關鍵年齡是在十二歲左右，那時候她們更需要爸爸的讚賞、鼓勵。

但是女孩十二歲之後，男孩十歲之後，作為異性的父母就不要再和孩子毫無顧忌地身體接觸了，這樣對孩子的成長反而起到不好的作用。

◆給寶寶展現好情緒

孩子是父母的一面鏡子，父母可以從孩子的身上看到自己的影子。孩子的性格、生活習慣、吃東西的口味、說話的表情和笑的動作，都和父母有很大的相似之處，這其中有一些是因為遺傳，有一些則是後天的耳濡目染。

Education:
Age 1－6
懷孕這檔事：
1-6歲聰明教養

教育孩子就是影響孩子，就是用每一個日常的生活細節來塑造孩子。與其等孩子出現問題的時候再來補救，不如做好帶頭作用，從一開始就讓孩子養成好性格、好習慣。

　　也正因爲如此，如果父母希望孩子是一個樂觀積極的人，就要在孩子面前多展現樂觀積極的一面。遇到問題的時候，家長是選擇發火、報怨和懲罰孩子，還是選擇冷靜的解決問題，協助孩子改正錯誤，這個選擇也會影響著孩子日後的生活態度。

　　兩歲多的孩子正處於叛逆的階段，即使性格本來很好的父母，有時候也會被孩子弄得忍無可忍。但年輕的父母要記住，在孩子成長的時候，我們也在成長，學會忍耐、細心、不計報酬的付出，這些是孩子教會我們的事。

◆要不要揭穿寶寶的錯誤表達

　　如果寶寶說話的時候語序混亂、表達不清，父母該不該糾正？

　　當寶寶說話用詞錯的時候，父母最好不要重複孩子的錯誤，也不要打斷他說「你說錯了」，在重複寶寶的意思時，用正確的語言語序來說就可以了，寶寶會在聽父母講話的時候，明白自己應該怎樣說才對。

　　關於寶寶學說話，很多家長都存在疑問：家裡有多種語言好不好，方言會影響孩子學說話和理解問題嗎？要不要特地教孩子說話？其實，明白了孩子說話的規律和發展的階段，就能解決這些問題。

從寶寶出生至1歲，是他的口語預備期。到了2歲以上，寶寶的生活經驗、認知能力愈來愈豐富，已漸漸具有語言交談的能力。他們開始會運用動詞和少數的形容詞短句，學著大人的語氣說話。可以說2~3歲是幼兒語言發展的關鍵期。

影響寶寶語言發展的因素，大致分為先天和後天兩個部分。先天是指寶寶「天生」的健康狀況。健康情形良好的幼兒，語言發展較好，反之，先天不足的孩子，其語言發展能力會較低。智力不足、先天性器官缺損、腦性麻痺等患童，需要在特殊教導下發展語言能力。

後天則是指父母提供的成長、學習的環境，家庭關係良好、照顧得當、互動語言較多的幼兒，語言發展較好。

父母可以把自己日常生活中發生的事情，像告訴朋友一樣，清晰準確、生動有趣的說給孩子聽。當孩子坐在澡盆裡，媽媽可以問問他的感受：「水溫是偏燙還是偏涼？」、「我們聽聽水的聲音……」

總之，運用你的經驗和所有感官，幫助孩子增加體驗，在這個過程中他學會如何描述。

父母帶孩子閱讀，也可以幫助孩子提高語言能力。兩歲多的孩子主要是聽故事，這個時候，父母當然不能平鋪直敘的講故事，要搭配一些適合故事情況的語音語調、動作和表情，這樣可以幫助孩子更加理解故事的內容。

孩子在學習語言的過程中，肯定有咬字不清晰、沾染了其他口音和錯誤發音的地方。這個時候不要模仿、更不要嘲笑他，父母要用正確的發音重複一遍他的話就可以了。

有的父母會因為孩子能夠重複某個電視廣告詞而洋洋得意，其實孩子能做得比這要多很多。美國兒科學會建議家長，兩歲以內的孩子不應該看電視，而兩歲以後的孩子每天也最好只看40分鐘以內的教學片。這其中就有電視節目的用語欠缺規範的原因。

◆多和寶寶說話

父母在和寶寶相處的時候，說話需要注意一些什麼呢？

注意用積極的語言而不是消極的語言

「你說錯了」、「你做得不對」、「你不要亂動」這些命令的、否定的語言會挫傷孩子的積極性，也會讓孩子對批評缺少敏感度，家長可以改一種說話的方式：「我們來讀故事吧」「過來這邊媽媽和你一起玩」「沒關係，我們重新做」等，這些對孩子來說才是具有正面而積極的有意義的話。

在表揚孩子的時候，指向要明確

例如「媽媽真高興」，其實是「媽媽真為你高興」，「你真棒」，其實是「你能自己吃飯了，真棒」或者「你重複得真棒」。這樣一個小小的改變，可以強化孩子對動作、行為的理解，有利於幫助他們改正不良習慣。

有些話需要常說

有一些話爸爸媽媽是需要經常和寶寶說的。例如：我們愛你，你是獨一無二的，媽媽有你真高興等等。

◆教寶寶學會分享

讓2歲的孩子學會分享是一件比較困難的事情。因為這時候他們的自我意識剛剛形成，也不是很講道理，這樣就很難對他們進行說服教育。如果家裡來了小朋友，寶寶不願意把自己的東西讓給別人，大哭大鬧起來。父母最好不要在這個時候勉強他。

分享教育是要從父母自己以身作則開始的。例如，在餵寶寶好吃的東西時，父母自己也要嘗一點，然後給爺爺奶奶或者周圍的人一點；當自己的周圍有別的孩子時，鼓勵孩子和別的朋友一起玩，向那些幫忙照顧孩子的家長們表達感謝，走的時候說「再見」，這些幫助孩子認識新朋友、體驗友情樂趣的做法，可以讓孩子減少對自我的強調。

還有一種情況會讓孩子不願意分享，那就是在他學著分享的過程中受到了不公正的對待，或者是自己的願望沒有被滿足。很簡單的道理，很少吃糖的孩子和經常吃糖的孩子比起來，更加不願意分享自己的糖果。父母在孩子成長的過程中，儘量滿足孩子在吃和玩上面的要求。

◆給寶寶安全感

有的家長不主張在孩子哭鬧的時候不抱孩子，提出「一哭就

抱」的教育原則。雖然是否有必要做到一哭就抱，每個人都有不同的看法，但有一點是共識性的──那就是在孩子哭鬧的時候，要確定他不是因為沒有安全感而感到害怕的。

有的人覺得嚇唬嚇唬孩子也沒有什麼不好，給他們一點顏色這樣以後孩子就乖了。於是會對孩子說「不要你了」、「要把你扔到外面去」、「不聽話小心大野狼來吃小孩」等等，表面上看去好像很管用，孩子一下子就不哭了，但事實上，孩子是被迫聽話，他內心除了委曲之外還有害怕的成分，缺少安全感的孩子成長、發育都會比正常的狀態慢。

家長教育孩子或者懲罰孩子的錯誤時，一定要記住的一條就是，不能讓他覺得自己是被拋棄了，也不要拿「不要你了」這樣的話來嚇唬孩子，或者對孩子說「你是路邊撿來了的」、「你是別人生的」，因為孩子會信以為真，這樣對他的成長不利。

◆培養寶寶的自豪感

2歲多的孩子也有自豪感嗎？答案是：有的！

如果讓兩個2歲多的孩子幫媽媽拿衣架，一個媽媽對孩子說「謝謝你幫忙，等衣服曬乾了穿上一定很柔軟。」另一個媽媽對孩子什麼也不說，那麼下一次晾衣服的時候，被表揚的孩子一定會主動地幫助拿衣架，而另一個孩子則可能不會表現出很大的興趣。

寶寶2歲多的時候，對自己的認識是從別人的語言中獲得的，如

果爸爸媽媽不僅能表揚孩子，而且可以讓孩子對自己的勞動有一個更明確的認識，這樣將有助於孩子建立自豪感。自豪是對自己的肯定和信心，也是和榮譽感緊密相連的一種寶貴情感。

多誇獎一下孩子，肯定他的創造和想法，這是一種科學的教育習慣。

需要注意的問題

◆可能發生的事故

這個階段的孩子可出現的事故是：

1.掉進水裡發生溺水。孩子可以自由走動的一個壞處就是，可能會遠離父母的視線。去池塘旁邊看魚，孩子們可能忍不住下去抓魚，結果掉進水裡；住在海邊附近的孩子，也有可能在玩水的時候溺水。

2.住在人馬路附近的孩子，如果和別的孩子打鬧起來，有可能跑到大馬路上；住在軌道旁邊的孩子，一定不要讓他們去軌道上玩耍。

3.喜歡吞下危險的東西，例如圓形的鈕釦電池、玩具零件等。

4.把手伸進玩具孔洞裡面拿不出來等等，這些事情都可能發生。

◆偏食

剛剛從流質食物變成正常飲食的孩子，有可能偏食。有的父母為了讓孩子開始吃飯，就幫他們買一些零食，或者許諾吃了飯就可以喝飲料，這樣一來，孩子就容易只喜歡吃一樣東西或者是零食了。

現在的商家為了讓食物嘗起來更加可口，會加入一些膨鬆劑、保鮮劑等等的東西，雖然都是可以食用的，但對幼兒來說，這些化合物可能會影響他們的身體發育。

在都市裡長大的孩子普遍比鄉下長大的孩子早熟，其中最大的原因就是都市的孩子吃的東西中的化學物質成分比鄉下孩子要高得多。但是現在，鄉下的孩子也可以吃到各式各樣的零食了，接近天然食品的優勢也漸漸不能發揮出來了。

控制孩子的零食，最好從小時候就開始重視，不要給孩子吃太多零食，鼓勵孩子多吃青菜和水果，養成良好的飲食習慣。

如果孩子一開始就不愛吃胡蘿蔔，不論是蒸的、煮的或炒的都沒有興趣，家長可以告訴孩子小兔子也是吃胡蘿蔔的，告訴孩子一些有關小兔子的故事，然後請他扮演兔子，開始吃胡蘿蔔，這樣的辦法也可以幫助一些不吃青菜的孩子改過來。

一方面媽媽們要想辦法轉換思路，讓孩子愛上吃青菜，另一方面，孩子實在不願意吃的東西，家長也不必勉強，一樣不吃也不會對身體有很大的影響。

◆腹瀉

兩歲多的孩子腹瀉多半是由於病毒感染而引起的，感冒後腹瀉、消化不良引起的腹瀉，實際上也是病毒所致。

但是這樣的腹瀉也容易治療，可以讓腹瀉的孩子暫時不要吃東

西，若想吃點東西的話，就喝溫熱的粥，這樣對剛剛腹瀉的小孩腸胃上有一個緩衝。另外腸胃還沒有調整好又吃零食或者水果，都會造成消化的負擔。

還可以讓孩子的肚子保持溫暖，如果是在冬天，就讓孩子在溫暖的地方休息，如果是夏天千萬不要讓他喝涼水、吃冷飲。

一般過了一天之後，孩子的腹瀉就會好起來。

如果孩子腹瀉的時候有血，但沒有其他的問題，可能是直腸息肉。如果由於感染了痢疾而拉肚子，或者一家人中有好幾個都拉肚子，那麼一定要去醫院治療，防止相互傳染。

◆認生

當不人熟悉的人要抱小孩的時候，孩子會哭鬧，有新面孔出現在家裡的時候，孩子也很煩躁不安，這些就是我們常說的認生。

認生和怕黑一樣，是孩子性格中的一部分，父母可以幫助孩子慢慢改變，但是不能因為孩子認生就覺得他沒有用、沒出息。

長期只和父母在一起的孩子比較容易認生，所以父母要儘量幫助孩子和同齡的或者年齡相仿的孩子對話，一起相互熟悉，這樣可以幫助孩子降低認生的感覺。

◆口吃

2歲多的孩子說話不是很清楚，表達上拖拖拉拉，或者一句話重複很多遍，這些大部分都不是真正的病理上的口吃，而是還不太習慣說話而已。等到孩子年齡增加，說話多了，就不會有這樣的情況了。

家長要注意的是，不要因為孩子說錯了話，覺得很好玩而哈哈大笑，或者是覺得孩子說錯話的事情可以拿出來和親友們聊一聊，就總是反覆學孩子，這樣會影響孩子學說話的信心，嚴重的就會形成心理障礙，以至於總是有點結結巴巴。

當孩子出現口吃的症狀時，父母先不要在意，而是用正確的語言來引導孩子說話，也不要叫他「小結巴」，這樣的稱呼也會讓孩子以為自己口吃是正常的。

◆防蚊

隨著流行疾病的增加，蚊子也成為一種可怕的媒介傳染各種疾病。防蚊不僅是為了讓寶寶更舒適，也是為了防止感染傳染病。

現在市面上有很多種類的防蚊液和蚊香，但最好還是用蚊帳來保護寶寶，當他睡覺的時候，最好不要用防蚊液和蚊香。一面蚊帳就能解決問題。

如果寶寶在戶外活動，塗一點寶寶防蚊液是必要的，但要記得告訴他不要用手直接拿東西吃，這樣不衛生。

◆防曬

　　長期曝曬於強烈的太陽光底下，對孩子的皮膚是有害的，但一到夏天，孩子們總是喜歡在外面玩耍，尤其是在海邊，孩子很容易就被曬黑了。

　　為了讓寶寶有一個健康的皮膚，媽媽最好為孩子準備一頂透氣、輕便的遮陽帽。很多孩子不喜歡戴著帽子玩，如果是那樣的話，媽媽要注意好時間，不要讓他整個下午都在外面曝曬。選擇在陰涼但是沒有危險的地方玩耍，媽媽隨時能看得到，是比較好的辦法。

◆預防痱子

　　炎夏時孩子特別容易長痱子，不但渾身都難受，也不好看。

　　防止寶寶長痱子，媽媽們一方面要注意讓孩子在通風、涼爽的環境下玩耍；另一方面，可以給孩子塗一點爽身粉、痱子粉也是一種預防長痱子的方法。

　　特別是在夏天晚上，睡覺之前在孩子的脖子、腋窩、小屁股等容易長痱子的地方塗一點痱子粉，可以防止晚上太熱長痱子。

◆說誰都聽不懂的語言

如果孩子突然說一些我們聽不懂的話，或者是大人從來沒有說過的話，家長可以問問他「你說什麼，媽媽沒有聽清楚，再說一遍。」也可以不理會，也許孩子正在回憶什麼。

　　孩子有時候「自言自語」也是正常的，特別是家裡只有一個孩子的情況下，孩子在兩歲左右會自己給自己假想一個朋友，和他對話，玩扮家家酒等。

　　也有的孩子因為發燒而說話不清楚，媽媽要觸摸一下孩子的頭看看是否發燒了。如果家裡有癲癇病史的，也有可能是孩子有癲癇的症狀，但同時會伴有其他不常見的行為，會比較明顯。

◆微量元素缺乏的症狀

缺鈣：

　　夜間多汗、睡不安穩、易醒、易驚、搖頭、枕禿、白天煩躁、坐立不安；顱骨軟化、囟門大不易閉合（正常是1~1.5歲閉合），出牙晚（正常6~8個月開始出牙，10個月後長牙算是稍微晚的），站不穩（正常8月左右可扶站或獨站，很穩）；陣發性腹痛、腹瀉，抽筋，胸骨疼痛；雞胸（逐漸出現肋下緣外翻或者胸骨異常隆起），X形腿、O形腿，指甲灰白或有白痕；一歲以後孩子容易煩躁，注意力不集中，反應冷漠的同時又有莫名其妙的興奮，健康狀況不好，容易感冒等。

缺鐵：

長期缺鐵易導致缺鐵性貧血：頭暈，頭痛，臉色蒼白，乏力，心悸，毛髮乾燥，指甲扁平缺乏光澤，易碎裂；抗感染能力下降，在寒冷條件下保持體溫能力受損，使鉛吸收增加等；少微笑。

　　嬰幼兒體內缺鐵會導致組織細胞內缺氧而使活動能力下降，出現不愛笑、疲倦、食慾減退、煩躁、不安及破壞行為等症狀。

缺硒：

　　主要是脫髮、脫甲，部分患者出現皮膚症狀，少數患者可出現神經症狀及牙齒損害。

缺鋅：

　　喜歡吃那些平常不能吃的東西，例如泥土、火柴棒、煤渣、紙屑等，厭食、生長遲緩等。

　　其他症狀：智力低下，反應遲鈍，發育遲緩；易反覆上呼吸道感染，易消化不良，腸炎，腹瀉等胃腸道疾病；經常出現舌頭潰爛（地圖舌）、口腔潰瘍；頭髮發黃、稀少、乾燥無光澤、頭髮豎立；手指甲根部沒有半月狀的健康環，或者只有拇指甲上有；身體的傷口易感染，創傷久久不能癒合。

缺碘：

　　腦部發育障礙，智力低下，身材矮小。

缺維生素A：

　　出現夜盲症，眼角膜或結膜乾燥，角膜潰瘍或瘢痕等臨床表現。

缺維生素D：

佝僂病：小兒易激怒、煩躁、睡不安穩、夜驚、夜哭、多汗，由於汗水刺激，睡時經常搖頭擦枕。隨著病情進展，出現肌張力低下，關節韌帶鬆懈，腹部膨大如蛙腹。患兒動作發育遲緩，獨立行走較晚。

重症佝僂病常伴有貧血、肝脾腫大，營養不良，全身免疫力減弱，易患腹瀉、肺炎、且易成遷延性。患兒血鈣過低，可出現低鈣抽搐(手足搐搦症)，神經肌肉興奮性增高，出現臉部及手足肌肉抽搐或全身驚厥，發作短暫約數分鐘即停止，但亦可間歇性頻繁發作，嚴重的驚厥可因喉痙攣引起窒息。

頭部顱骨軟化多見於3~6個月嬰兒，以枕骨或頂骨最為明顯，以手指壓迫時顱骨凹陷，去掉壓力即恢復原狀(如乒乓球感覺)；6個月後顱骨增長速度減慢，表現為骨膜下骨樣組織增生，額骨、頂骨隆起成方顱、嚴重時尚可呈十字顱、鞍狀顱。此外尚有前囟遲閉，出牙遲，齒質不堅，排列不整齊。

胸部兩側肋骨與肋軟骨交界處呈鈍圓形隆起稱「肋串珠」，以第7~10肋為顯著；肋骨軟化，受膈肌牽拉，其附著處的肋骨內陷形成橫溝(稱為赫氏溝)；嚴重佝僂病胸骨前突形成雞胸；胸骨劍突部內陷形成漏斗胸，由於胸部畸形影響肺擴張及肺循環，容易合併重症肺炎或肺不張。以上畸形多見於6個月~1歲嬰兒。

脊柱及四肢可向前後或側向彎曲。四肢長骨幹骺端肥大，腕及踝部膨大似「手鐲」、「腳鐲」，常見於7~8個月。1歲後小兒開始行走，下肢長骨因負重彎曲呈O形或X形腿。O形腿凡兩足靠攏時兩膝

關節距離在3cm以下為輕度，3cm以上為重度。X形腿兩膝靠攏時兩踝關節距離及輕、重判定標準同O形腿。

缺維生素E：

傷口易形成疤痕；牙齒發黃；引發近視；引起殘障、弱智兒。

缺維生素B1：

可發生腳氣病、食慾差、乏力、膝反射消失等，母乳嚴重缺乏可使嬰兒患心力衰竭或抽筋、昏迷等。幼兒缺乏可引起糖代謝障礙。

缺維生素B2：

眼、口腔、皮膚的炎症反應。眼部症狀為結膜充血、角膜周圍血管增生、瞼緣炎、畏光、視物模糊、流淚。

口腔症狀為口角濕白、裂隙、疼痛、潰瘍，唇腫脹以及舌疼痛、腫脹、紅斑及舌乳頭萎縮，典型症狀全舌呈紫紅色中間出現紅斑，清楚如地圖樣變化。

皮膚症狀主要表現為，一些皮脂分泌旺盛部位，如鼻唇溝、下頜、眉間以及腹股溝等處皮脂分泌過多，出現黃色鱗片。影響兒童的生長發育。

缺維生素B6：

虛弱、神經質、貧血、走路協調性差、掉髮、皮膚損傷、眼睛、嘴巴周圍易發炎、口臭。

缺維生素B12：

全身性體虛、神經衰弱、惡性貧血、行走說話困難

缺維生素C：

壞血病，表現爲毛細血管脆性增加，牙齦腫脹與出血，牙齒鬆動、脫落、皮膚出現淤血點與淤斑，關節出血可形成血腫、鼻衄、便血等。還會影響骨骼正常鈣化，出現傷口癒合不良，抵抗力低下等。

◆持續高熱

流行性感冒會讓2歲多的孩子持續發燒，如果家中有人病患，孩子也可能被傳染導致發燒。如果孩子是突然發燒，呼吸的時候肋間肌肉凹陷，可能是患上肺炎；有的孩子在3歲之前會經常發燒，但病癒之後沒有其他的症狀，也不影響活動，那麼可能是孩子的免疫系統還沒有形成，父母不用擔心，這種情況會隨著年齡的增加而消失。

如果高熱的同時伴有抽搐的症狀，就要懷疑是否是腦膜炎，但注射過疫苗的話就不用擔心，現在腦膜炎也不常見了。

如果高熱的同時出了疹子，則可能是水痘；腮腺炎也有可能引起小兒發熱，在孩子的耳朵下方會腫起來。

夏初容易出現口腔炎，也會引起孩子發熱。

以上疾病的治療都需要在兒科醫生的指導下用藥治療。

如果是晚上發燒，而且是從未有過的狀況，需要馬上就醫；如果孩子常常在晚上發燒，但第二天就好了，媽媽可先用冰枕幫孩子降溫，但第二天仍需帶孩子到醫院就醫。

◆磨牙

　　腸道寄生的蛔蟲產生的毒素刺激神經，導致神經興奮，孩子就會磨牙。同樣，蟯蟲也會分泌毒素，並引起肛門瘙癢，影響孩子睡眠並發出磨牙聲音。

　　過去，家長們都認為磨牙的孩子是長了寄生蟲，但現在有蛔蟲病、蟯蟲病的孩子越來越少了。

　　如果孩子白天看到了驚險的打鬥場面、或者在入睡前瘋狂玩耍，精神緊張，這樣也會引起磨牙。

　　孩子白天被爸爸媽媽責罵，有壓抑、不安和焦慮的情緒，夜間也可能會磨牙。

　　晚間吃得過飽，入睡時腸道內積累了不少食物，胃腸道不得不加班工作，由於負擔過重，也會引起睡覺時不自主的磨牙，另外，缺少微量元素也是磨牙的原因。鈣和磷等各種維生素和微量元素缺乏，會引起晚間臉部咀嚼肌的不自主收縮，牙齒便來回磨動。

　　牙齒替換期間，如果孩子患了佝僂病、營養不良、先天性個別牙齒缺失等，使牙齒發育不良，上下牙接觸時會發生咬合面不平，也是夜間磨牙的原因。

　　磨牙對孩子的身體是不利的，如果孩子有腸道寄生蟲，要及早驅蟲；孩子有佝僂病，要補充適量的鈣及維生素D製劑；給孩子舒適和諧的家庭環境，讓孩子晚間少看電視，避免過度興奮；飲食宜葷素

搭配，改掉挑食的壞習慣，晚餐要清淡，不要過量；要請口腔科醫生仔細檢查有無牙齒咬合不良，如果有，需磨去牙齒的高點，並配製牙墊，晚上戴後會減少磨牙。

◆旅途中的注意問題

帶孩子出去遊玩，有助於幫助他們接觸新鮮的事物，學習新東西。但是帶兩歲多的孩子出行的旅途中也要注意一些問題。

安全。兩歲的寶寶可以自己走路了，但爸爸媽媽要讓孩子在自己的視線範圍內玩耍，不要走得太遠；孩子喜歡吃各式各樣的零食，路邊的零食可能不衛生，孩子的腸胃也可能消化不了，所以最好是不要一邊玩一邊給孩子買零食吃。

突然感冒。孩子感冒之後，最好是能讓他安靜地睡一大覺。很多孩子在睡飽之後精神會好很多，大人也是一樣，這時候不要著急趕路，給孩子一段休息的時間。

得傳染病。出門前先打聽一下目的地的情況，如果正流行傳染病，那麼就不要帶著孩子去了。

認生。此時的寶寶仍對陌生人心存疑惑和恐懼，而出現抗拒的行為。

想要回家。有的孩子在旅途中玩到一半就會想回家，這時父母不要責備他，要告訴他爸爸媽媽就在這，讓他有安全感，等他情緒穩定之後，再帶他去好玩的地方玩一玩，孩子就會忘記要回家的事了。

3歲到4歲

懷孕這檔事：寶寶1～6歲聰明教養

發育情況

　　這個階段的孩子，身體內嬰兒脂肪會進一步下降，肌肉組織將進一步增加，孩子的長相會更加的成熟，他們的上下肢更加苗條，上身狹窄成錐形。

　　有些孩子身高的增加大大超過了體重的上升，因此肌肉開始看起來非常瘦弱而無力。但這並不意味著不健康或發生了什麼問題，隨著肌肉的生長，這些孩子會逐漸健壯起來。

　　此階段的寶寶生長速度逐漸減慢，但是如果他的體重增加大大超過了身高的增加，或者說寶寶在半年內身高沒有增加，那就可能是發育出現了問題，這時候就應該帶寶寶去請醫生檢查一下。

　　這個時期，寶寶的臉部看起來也更加成熟，他們的顱骨長度增加，下巴更加突出，上頜加寬，為恒齒提供生長的空間。

　　一般情況下，滿4歲的男孩身高在98.7~107.2公分，體重在14.8~18.7公斤，女孩的身高在97.6~105.7公分，體重在14.3~18.3公斤。

具備的本領

　　這個年齡階段的寶寶不再是機械的站立、跑動、蹦跳和行走。他們採用規則的腳跟到腳尖運動方式，步伐的寬度、長度和速度均勻，能夠很靈活的向前、向後或者是上下樓梯。

　　但是從蹲的姿勢站起、用腳尖站立和單腳站立對他們來說還是有一定難度的。同時，這時候的寶寶已經能騎小三輪車了，還很喜歡玩球和追逐遊戲。

　　到了3歲以後，孩子肌肉控制和集中注意力技能正在發育，這是掌握許多精細手指運動的基礎。他可以獨立或合併運動自己的每一根手指。這時的寶寶非常樂於使用一些簡單的工具，比如剪刀。爸爸媽媽可以為寶寶準備一把安全剪刀，教會寶寶剪刀的使用方法，讓寶寶試著自己剪一些東西。同時寶寶還能夠畫垂直線和水平線、方形、圓形或他熟悉的圖形。

　　這個時候寶寶的手眼協調能力也在逐步發展，他們能夠將水倒入水杯，將鞋帶穿進鞋上的小孔。在生活中爸爸媽媽可以有意識的訓練寶寶，比如讓寶寶把豆子一顆顆從一個碗裡捏到另一個碗裡。

　　在這個階段，寶寶的語言比較清晰，甚至陌生人也可以聽懂孩

子所說的大部分內容。儘管如此，他的一半發音仍然可能是錯誤的，例如用簡單的字母代替任何發音困難的字母發音。寶寶的詞彙量超過500個，能夠用5~6個詞語組成的句子進行交談。他們不斷地學習新的詞彙，有一些孩子會不停的自言自語，這是他們在學習新的詞彙並且利用新詞彙的過程。

寶寶此時能夠區別不同顏色、大小及形狀的物體，還懂得很多介詞的意思，可以告訴你物品放在什麼位置。他們還熱衷於學習字母與數字，還喜歡不斷地問為什麼。他們對時間的概念也開始清晰，能夠知道一些特殊的時間，比如一年過一次生日，但是他們對一年有多長還是沒有概念的。

爸爸媽媽有時會驚喜地發現這個年齡的寶寶能夠為自己熟悉的歌曲配上「新詞」，他們還能夠利用手裡的玩具進行想像性的遊戲。

這個年齡階段的孩子不再像2歲的孩子那樣對母親存在很強烈的依戀感，他們的獨立性逐漸增強，開始試著與周圍的夥伴進行交往。他們與其他小朋友一起遊戲，相互配合學會合作，雖然這個年齡階段的合作還不是有意識的合作。

在與人交往的過程中他們發現每個夥伴都有自己獨特的性格，開始傾向於和一些孩子玩耍，並擁有自己的好朋友，上幼稚園的寶寶已經能適應集體的生活。但是在正確處理與他人的關係時寶寶還需要家長的一些指導。

養育要點

◆寶寶的飲食

3歲以後，很多寶寶就上幼稚園了，在家裡吃飯的時間就相對少了，爸爸媽媽用在寶寶飲食上的精力也要少一些了，但是這不意味著爸爸媽媽就可以不注意孩子的飲食。

很多寶寶因為飯菜不合胃口或者挑食而在幼稚園吃不飽或者吃不好，針對這種情況家長在接孩子的時候一定要向老師瞭解一下寶寶這一天在幼稚園的吃飯情況，如果孩子沒吃好，應該給孩子適當補充一些食物。

但是也不能讓孩子形成依賴心理，認為反正在幼稚園吃不好回家也有吃的。

一些寶寶在週休日或節假日過後，回到幼稚園時會有食慾下降、腸胃不適等現象。這是因為在節假日中，一些父母忽視了寶寶的飲食節制和規律，造成寶寶腸胃功能出現問題。不管是在幼稚園還是在家，爸爸媽媽一定要注意確保寶寶飲食的定時、定量。

寶寶的消化系統仍不太完善，不按時吃飯，吃得太少或者太多

都會加重腸胃的負擔，造成腸胃的不適。很多爸爸媽媽在節假日的時候會放縱一下寶寶，給寶寶一些喜歡吃的零食，少吃一點飯也沒關係。這樣做會造成寶寶本來養成的飲食規律混亂。因此爸爸媽媽在家要配合幼稚園的吃飯時間，控制吃飯的量，確保孩子飲食的規律。

◆寶寶的零食

很多家長在談到寶寶的零食時，總是很無奈，明明知道零食的危害，但是又不能有效的控制寶寶吃零食。

其實，適當的零食對寶寶是有好處的，一方面可以刺激寶寶的腸胃功能，另一方面還能使寶寶嘗到多種不同味道的食物，大大的豐富寶寶的味覺，提高寶寶進食和生活的樂趣。

這麼大的寶寶可以吃很多種類的零食，但每一種都要有其限度。畢竟，適量的零食有益，但吃多了就對寶寶沒有什麼好處了。

新鮮蔬果類食物含有豐富的維生素C、B群維生素、鉀、鎂、鈣和膳食纖維等有益於寶寶健康的營養成分，可以經常給寶寶吃些番茄、黃瓜、香蕉、梨、桃、蘋果、柑橘、西瓜、葡萄等新鮮蔬菜和水果，但是加工過的蔬果乾如海苔片、蘋果乾、葡萄乾、香蕉乾等就要適量，而罐頭、蜜餞類的零食則不能給寶寶多吃，因為這些零食含有較多糖而且在製作中流失了大部分的營養素，對寶寶來說沒有什麼營養。

奶類是含鈣最豐富的天然食物，同時含有豐富的優質蛋白質和

核黃素等重要營養素，有利於促進寶寶的骨骼發育。可以經常給寶寶吃些優質的奶類零食，如純鮮奶、優酪乳等，可以作為正餐中奶類食物攝入不足的重要補充。

需要注意的是，目前市場上出售的調味乳飲料、乳酸飲料是不屬於奶類的，不能將其視為牛奶的替代品來給寶寶喝。乳酪、羊乳片等乳製品要適量食用，而煉乳等通常含糖較多的食品，則要少給寶寶吃。

豆類可提供優良的植物性蛋白質，含有豐富的鈣、磷、鐵、鋅及B群維生素，能夠促進身體健康、增強記憶力。可以經常給寶寶吃些不添加油脂、糖、鹽的豆漿、烤黃豆等，但加工過的豆類食品如豆腐卷、豆乾等，還是少吃為好。

穀類製作的食品不僅脂肪少、熱量低，而且含有大量的營養素如B群維生素、維生素E、鉀、硒和鐵等。

可以常給寶寶吃些油脂、糖、鹽較少的水煮玉米、無糖或低糖燕麥片、全麥餅乾等零食，適量吃些蛋糕、餅乾等在加工過程中添加了脂肪、鹽、糖的食品，少吃或不吃膨化食品、奶油夾心餅乾、速食麵、奶油蛋糕等含有較高脂肪，而且是高鹽、高糖的食品。

薯類包括馬鈴薯、白薯、木薯等，它們除了提供豐富的碳水化合物、膳食纖維及B群維生素外，還有較多的礦物質和其他維生素，兼有穀類和蔬菜的雙重好處。在蒸、煮、烤薯類零食時，只要不添加油脂、糖、鹽就可以經常食用。

像甘薯球、甜地瓜乾等在製作時添加了較多的油脂、糖、鹽的

食品要少給寶寶吃，像炸薯片、炸薯條等在烹調過程中大大增加了熱量的薯類食品是不該給寶寶吃的，因為它們不僅損失了部分營養素，而且有些還含有毒性物質丙烯醯胺，對寶寶的健康尤為不利。

堅果類零食富含優質的植物蛋白、鉀、鎂、磷、鈣、鐵、鋅、銅等礦物質，同時包含了維生素E、維生素B1、維生素B2、菸鹼酸、葉酸以及膳食纖維，具有比較高的營養價值。

可以經常給寶寶吃些在製作時不添加油脂、糖、鹽的花生米、核桃仁、瓜子、大杏仁及松子、榛子等，但要控制數量；琥珀核桃仁、魚皮花生、鹽焗腰果等這些添加油脂、鹽和糖進行過加工的堅果類食品，是不宜給寶寶吃的。

肉類、海產品、蛋類零食不僅能提供人體所需要的蛋白質、脂肪、無機鹽和維生素，而且味道鮮美、營養豐富、飽腹作用強。適合寶寶吃的有在製作時沒有添加油脂、糖、鹽的零食如水煮蛋；適量吃的有牛肉乾、火腿腸、肉脯、滷蛋、魚片等含有大量的食用油、鹽、糖、醬油、味精等調味品的食品；高熱量的食品，如炸雞塊、炸雞翅等還是儘量不要給寶寶吃。

飲料是每個寶寶都喜歡的零食。常見的飲料主要包括碳酸飲料、蔬果汁飲料、含乳飲料、植物蛋白飲料、茶飲料等。除了一些鮮榨蔬果汁外，飲料類大多都含有較高的糖分，熱量很高，過量飲用會增加阻礙營養素的吸收，並可能增加患齲齒、肥胖、代謝綜合症等疾病的危險。

對於寶寶來說，白開水是最佳的飲料。可以經常給寶寶喝些新

鮮蔬朵瓜果榨出的汁，市售的果汁最好少給寶寶喝，高甜度和加了鮮豔色素的高糖分汽水等碳酸飲料，最好是不要給寶寶喝。

糖果類的零食也是寶寶的最愛，但是當中的熱量很高，並且含有大量的脂肪，吃太多的話會增加飽腹感，妨礙正常進食，還可能會導致肥胖、齲齒等。

總而言之糖果類的零食可以給寶寶，但一定要適可而止，千萬不能慣壞了寶寶。

◆教點什麼好

孩子到了3歲是該上幼稚園的時候了，這時候很多媽媽就開始將自己的寶寶和別的寶寶進行比較，「為什麼我家寶寶認識的字沒有他家寶寶多」，「為什麼我家寶寶數數沒有別的寶寶好」，這個時候，媽媽們開始思考要在家給孩子教點什麼，讓自己的寶寶不要輸在起跑線上。

那麼，媽媽們要給寶寶教點什麼呢？其實媽媽們在考慮給寶寶教點什麼的時候應該先考慮到我為什麼要教寶寶這些，怎樣教寶寶才會更好。

很多媽媽認為在家早一點教會寶寶識字、數數會讓寶寶在上幼稚園甚至是上小學的時候比別的寶寶更優秀，其實這樣是錯誤的觀點。

不一定識字多或是數數好的孩子就比別的寶寶更優秀。美國著

名心理學家霍華德‧加德納提出多元智力理論，指出人類的智力是多元化而非單一的，主要是由語言智力、數學邏輯智力、空間智力、身體運動智力、音樂智力、人際智力、自我認知智力、自然認知智力八項組成，每個人都擁有不同的智力優勢組合，因此每個寶寶所擁有的優勢是不一樣的。

媽媽們在家教寶寶的時候不應該以小學的學習為目的，教孩子寫字、數數，而是應該為寶寶創造一種快樂的學習氛圍，讓寶寶熱愛學習。為了讓孩子收穫成功的喜悅，媽媽應該尊重孩子的興趣，陪著孩子進行喜歡的學習活動，比如孩子喜歡動物，就可以經常帶著孩子去動物園、去動物博物館，進行詳細的觀察和深入的瞭解，這也是教孩子的一種辦法。再比如孩子喜歡做手工，爸爸媽媽就可以多陪著孩子做手工，鼓勵孩子利用多種材料進行手工創作，這也是一種教，同時也是孩子學的過程。

父母在教孩子的過程中應該注意發掘孩子在某一方面的天賦，利用孩子的天賦和興趣幫助孩子學習他們不擅長的東西，比如一些孩子擅長畫畫，父母就可以給孩子講個故事，然後請他們根據故事畫畫。這樣做既激發了孩子的興趣和積極性，又幫助孩子發展自己不擅長的方面

◆哪些畫冊比較好

畫冊就是我們一般所說的圖畫書或者是繪本，它是學齡前兒童

很重要的一部分閱讀內容。給孩子選擇哪些圖畫書比較好呢，這是很多爸爸媽媽的疑惑。

圖畫書是文字和圖畫的結合，因此很重的一點就是圖畫要美。一般孩子拿到圖畫書第一件事情一定是看圖，看看圖片中畫有什麼。孩子喜歡色彩豐富，帶有視覺衝擊的圖畫，而好的圖畫包含很多細節，需要孩子理解隱喻。在看欣賞圖畫書的同時孩子熟悉各種不同的畫風，可提高孩子的審美能力。

其次，很重要的一點就是文字內容要好。對於孩子來說圖畫書的文字應該淺顯易懂，清晰流暢，能夠聽得懂故事的內容，比較輕鬆的理解故事的意思，享受由閱讀帶來的樂趣。在聽故事的同時也是孩子學習語言的過程，孩子會把一些故事中的語言記在腦子裡，慢慢轉化成自己的語言和文字，應用在以後的學習和生活中去。

除了優美的圖畫和流暢的文字以外，圖畫書還應當具有一定的趣味性。一些用來教育孩子生活習慣或是良好品德的圖畫書若缺乏趣味性，像是給孩子說教一樣，這時孩子就會失去閱讀的興趣。

因此建議家長選擇圖畫書時既要選擇有教育意義的，也要注重圖畫書本身的趣味性。一本好的圖畫書，會給孩子一段快樂的時光，又能培養孩子閱讀的興趣，因此，爸爸媽媽們在給寶寶選擇圖畫書時一定要仔細挑選哦！

◆要不要體罰

一般我們所說的體罰就是打孩子，讓他在肉體上感受到痛苦。按照未成年人保護法的規定：「學校、幼稚園的教職員應當尊重未成年人的人格尊嚴，不得對未成年學生和兒童實行體罰、變相體罰或者其他侮辱人格尊嚴的行為……教職員對未成年學生和兒童實施體罰或者變相體罰，情節嚴重的，由其所在單位或者上級機關應給予行政處分」。但沒有對父母體罰子女做出禁止，在要不要對孩子體罰的問題上，家長也有兩種聲音。

　　三至四歲的孩子，還沒有很明確的自我保護的意識，也不懂得區分好壞，可能會做觸摸電源或者在危險的地方玩耍的舉動，也可能在學說話的時候跟著學一些不文雅的語言。這時候要不要打孩子呢？

　　對於危險的動作，比如說到高處玩耍、拔插座玩、拿水果刀玩等，父母最好能夠在當時馬上打一下小孩的手，很嚴肅地說：「不可以。」這是可以讓孩子透過肉體疼痛來記住哪些事情不能做。

　　但是父母們要注意，發現孩子在做危險的事情時應該馬上去處理，讓孩子知道為什麼會挨打，不要等到事情過去了或者爸爸聽到媽媽說了這個事情再去打孩子，那就失去了形成反射記憶的效果了。

　　當然家長也沒有必要故意把危險的東西放在孩子能拿到的地方，趁他動手的時候去打他。一般來說危險的物品要儘量放到孩子拿不到的地方。

　　如果是孩子不吃飯、不問候長輩或者是不睡覺等等行為的時候，最好不要打他。因為3歲的孩子如果出現上述的這些問題，可能是因為身體不舒服或者是感到害怕，但是無法表達，或者是在幼稚園

裡面有不愉快的經歷但是說不清楚等等，父母最好給點耐心，如果不問清楚就打孩子，可能會讓孩子更加反抗。

那麼要用什麼方式來替代體罰又能起到很好的效果呢？這裡可以推薦家長採取「冷處理」的方式來表達自己對孩子發怒時的態度。

「冷處理」就是孩子在不講道理的時候，家長既不要費心去解釋什麼，也不要動手打他——這兩種方式最後都會導致家長要麼愛嘮叨要麼愛動手的壞習慣，家長最好是能夠用很平常的態度對待他，就像沒有發生什麼事情一樣。

當孩子發現自己的這樣無禮的行為既沒有被關注也沒有起到很明顯的「恐嚇」效果的時候，他就不會再採取類似的方式了。

◆教孩子認字

處於3~4歲的孩子一般都開始識字了，市面上也有一些專門針對這個年齡階段的孩子所設計的識字讀本，父母可以選擇字大好認的版本來教孩子識字，另外不要選擇太過花俏的識字本，會讓孩子的注意力不能集中在認字上面。

孩子的閱讀跟識字是相輔相成的，所以父母最好能夠把識字和閱讀結合起來，而不要單純地為了讓孩子識字而識字。比如說家長可以一邊指著讀本一邊念故事，讓孩子知道書中的文字和故事之間有一定的聯繫，並且是一一對應的關係，這樣孩子就會對文字產生興趣。

父母也可以在孩子熟悉了故事情節之後，讓孩子來講一遍，一

般來說孩子會模仿家長的動作，一個一個指著念，這樣孩子就在不知不覺間學會識字了！有的家長很不喜歡孩子用手指著字念的習慣，總是強迫孩子不要把手放在書上。其實，這個習慣會隨著孩子年齡的增加而消失，家長不用特別在意這個。

反倒是家長過於強調識字的身體姿勢，會讓孩子把注意力從識字、閱讀和理解文意轉移到其他方面，對孩子的智力成長都是不好的。

在孩子識字和聽故事的過程中，家長切記不要心急的希望孩子能很快識字，或者要求孩子每次都要學會100個生字等等，因為孩子認字是有階段性的。

另外，每個孩子都是不同的，有的孩子對字很敏感，他們聽媽媽讀書的時候就主動看字，時間長了自然就能「對號入座」；可有的孩子在聽媽媽讀書的時候，要麼注意的是手邊的其他東西，要麼只看了圖畫，可能沒有媽媽預想的那麼配合，這時就要用識字卡等方式來加強一下。

家長需要注意的是，孩子識字的速讀和效果是沒有定量的，每個孩子的情況不同，家長切記不要為了展示「我的孩子4歲就能讀1000個字」而強迫孩子學習，那樣會破壞孩子學習的熱情，並持續影響孩子的每個學習階段，是極其糟糕的。

識字的過程中，不要忘了讓孩子得到快樂。

◆訓練身體

　　3~4歲的健康寶寶大多可以自由行走了，也能在社區的健身房裡面找到自己想要玩的東西，所以如果不是專門訓練運動員或者表演家，就不必進行格外的訓練，只要讓他自己行走、玩耍、拿東西都能起到訓練身體和訓練協調能力的效果。

　　但是有的家長喜歡抱著孩子，哪怕已經三到四歲了也總是讓叔叔阿姨等長輩抱來抱去。其實很多孩子到了三到四歲就不喜歡被人抱了，因為他覺得不太自由。

　　除了讓孩子自由活動之外，家長還可以和孩子玩一些小遊戲。比如說讓孩子雙手掌支撐，爸爸媽媽抬起孩子的雙腿玩推車的遊戲，或者用小鏡子反光的原理，讓孩子踩地上的光點；如果孩子的動手能力不強，可以和孩子一起玩撕報紙的遊戲，看看誰能猜出來對方撕的是什麼。

　　如果爸爸媽媽有晨跑的習慣，可以帶著寶寶跑步，但以輕鬆不累為限，10~15分鐘就夠了，中間休息2到3分鐘。

　　如果是想要特別培養一下孩子的柔韌性、協調性，或者希望孩子將來能夠跳芭蕾等，可以去報名舞蹈才藝班，幼兒班會針對3~5歲間的小孩有專門的幼兒基本體操，以最簡單、最基本的佇列隊形練習、徒手體操、簡單的墊上練習和基本的舞蹈動作組成。全面訓練幼兒的協調能力；柔韌、力量等身體素質；也可以培養孩子勇敢、堅持

等意志品格和韻律節奏等審美情趣。

◆哄孩子睡覺

讓孩子閉上眼睡似乎是一個很難完成的任務，家長經常會因為孩子不肯睡覺而打他兩下，或者是嚴厲責備他，讓他帶著淚痕進入夢鄉，到頭來容易生病。其實讓孩子快速入睡有一些方法。

首先，在孩子睡覺時間快要到了的時候（3~4歲最好能在8點入睡）以前，就要慢慢地使他安靜下來。讓他離開容易引起他興奮的事情，如果在睡覺前十幾分鐘你們和孩子玩搔癢的遊戲，孩子體內的腎上腺激素不會讓他那樣快速安然地入睡。那是你在給自己製造麻煩。

你可以在即將睡覺的時候，停下自己和孩子手中所有的事情，做一些安靜的交流或者是講故事。

第二點，就是要讓孩子保持按時睡覺的慣例。每天都在同樣的時間督促孩子睡覺。在睡覺前十幾分鐘，提醒他們要開始把手中的活動放下，提醒他們去刷牙，換睡衣。或許在睡前可以講一個故事。然後安撫他們慢慢睡著。如果孩子不願意睡覺，你可以讓他們感覺到你希望他們早睡早起，是為了明天有更充沛的精力玩得更開心。每天晚上重複相同的步驟，這樣孩子也會形成習慣。

如果孩子怕暗，恐懼獨自睡覺，要不要容許他們開著燈呢？最好是鼓勵孩子不要害怕，如果一定要點燈的話，最好換成亮度較暗的燈。在強光下入睡的孩子容易早熟。家長可以在孩子沒有入睡前多安

撫他一會兒，在他入睡前再去探望他幾次，讓他知道自己很安全。

　　父母一定要注意切勿以不屑或者不理解的語氣來對待怕黑的孩子，或者嘲笑他怕黑，那會讓他的情緒更不好。

　　如果孩子睡到半夜突然驚醒，家長察覺之後一定要在第一時間出現在他面前。讓孩子在心靈上覺得父母一直都在。另外孩子入睡之後，父母最好不要再次叫醒他，有什麼事情等到睡醒之後再說吧！

◆看電視對孩子好不好

　　三到四歲的小孩喜歡看電視，父母擔心養成看電視的習慣會對孩子不好，其實這也是需要控制好量的。

　　3~4歲的寶寶，可能對很多不瞭解的事情都感興趣，甚至是古裝片，他們自己會選擇哪些要看哪些不要看，所以家長最好能夠在孩子旁邊幫助他們挑選一下。

　　現在的影視作品比較開放，有不少家長發現哪怕是4歲的寶寶對電視中成人親密的動作都會有特別的反應，而且專家指出長期看電視會導致孩子性早熟，所以家長最好能控制孩子看電視的時間。

　　教育學家有一個觀點，愛讀書的孩子比愛看電視的孩子思維更活躍一些，這是因為書本給人的想像空間更大，而電視畫面往往是文化速食，不需要多加思考。

　　電視可以看，但是不要長期看，一是對孩子的身體發育不好，長時間看電視會影響骨骼和形體的發育；二是會影響孩子的閱讀能力

和閱讀興趣。如果孩子因為喜歡電視而不願意看書，實在是一件很不好的事情。

當然家長尤其是媽媽也要自覺地少看電視，如果你一邊要求孩子去學習或者睡覺，一邊自己看電視哈哈大笑，這樣對孩子來說是很不公平的。

家長最好一開始就不讓孩子養成依賴電視的習慣，這當然也需要家長找到另外一些電視的替代品，比如遊戲、書本等等。如果孩子交給親戚帶，要囑咐不要給孩子太多的看電視的時間。

如果孩子因為看不到電視而哭鬧，父母要找一些別的東西分散他的注意力，或者是找遊戲來做。最好不要用「電視臺已經下班了」或者是「老師不許你在家看電視」這樣的理由來敷衍孩子。

另外，讓孩子看電視，至少要距離電視機2米以上，以防近視。

能力的培養

◆培養自理的能力

3~4歲兒童的肢體基本動作已經比較協調，也有了自理的願望，如果父母引導及時，就能幫助孩子在這個階段養成獨立生活的能力，家長們可以參考以下幾個方面。

在講故事的過程中，有意識地讓孩子知道「自己做」。

比如給孩子講了《三隻小豬》的故事能讓孩子明白，要想住進安全漂亮的房子就要不怕苦不怕累，動腦筋等。透過孩子經常接觸到的文學作品中的情節來培養孩子的自立意識，是一件潛移默化的也極容易做到的事情。

讓孩子嘗試一些平時我們會幫忙做的事情。

例如吃魚的時候，家長可以先讓孩子觀察大人是怎樣挑魚刺的，之後讓他動手自己挑，家長在旁邊指點；如果媽媽要去買菜，可以請小孩幫忙提著空籃子；如果有機會住在鄉下，可以讓孩子一起去田間摘瓜果，這些對孩子來說都是非常有趣的事情。

用兒歌，讓孩子學習穿脫衣服

處於這個階段的孩子思維的特點還是以直覺行動思維為主，他們的模仿性強，兒歌對他們來說是最合適的一種學習方法。

穿脫衣服對這個年齡階段的孩子來說有一定難度。如果家長對孩子說「先解開鈕釦，再扯一邊的袖子……」，孩子可能根本聽不進去，另外下一次還會忘記。如果家長能用一些兒歌來引導孩子，效果就會好一些。例如《穿衣歌》：抓領子，蓋房子，小老鼠，出洞子，吱溜吱溜上房子。《疊衣歌》：關關門，關關門，抱抱臂，抱抱臂，彎彎腰，彎彎腰，我的衣服疊好了。媽媽一邊唱著這些兒歌，一邊鼓勵孩子跟上節拍，他們在不知不覺中就能學會常見衣物的穿脫。

如果你的寶寶常有左右腳穿反的現象，媽媽可以和孩子一起「問問腳拇指」：如果腳拇指舒舒服服的，那就穿對了；如果腳拇指被擠著，表示它不願意這樣穿，要脫下來重新穿。

其實我們回憶自己的成長經歷，很多人已經不記得自己是怎樣學會穿鞋子、拿筷子的了，好像自然而然就會了。自理能力確實是一個時間加訓練的過程，家長千萬不能操之過急。

有的媽媽對四歲的小孩非常嚴格，訓練他們自己夜晚起來上廁所、十分鐘內穿好衣服起床、主動問候長輩等等，雖然有一些成功的案例，但家長們不要以此為一個「競爭標準」，有的孩子成長節奏會比別人慢一些。

如果孩子表現出很優秀的自理生活能力，家長可以鼓勵一下，但不要以此作為炫耀經常在家人朋友面前炫耀，這樣會滋長孩子不健康的好勝心；對於自理能力差的孩子，家長們要反思一下是不是自己

平時做得太多了，或者是沒有教孩子做事的方法，不要責備孩子，影響他的自信心。說到底自理生活誰都能學會，只是早晚的問題。

◆培養交往的能力

3~4歲的孩子一般都上了幼稚園，會和老師、同學有交往，同時也會出現很多的問題。例如不敢認識新朋友，不主動去和陌生的孩子一起玩，不喜歡讓別人碰自己的玩具，對很好的朋友也很「斤斤計較」等等。家長遇到上述這些情況往往會從「講道理」、「訓斥」甚至打罵的角度解決問題，其實這樣做對糾正孩子的一些不良習慣並沒有很好的改正效果。

同樣是三到四歲，為什麼有的孩子合群，有的孩子不合群呢？我們需要瞭解是什麼原因導致了孩子不合群。

一般來說，孩子不合群與家庭環境有重要關係。有的父母對孩子過度關切，事事代為安排，在這樣的家庭中成長的孩子就很少向人打招呼，因為總是父母先開口，教他叫叔叔或姨姨。

還有的父母對孩子管得過嚴，平時不准孩子串門子、找小朋友玩耍。長期失去了與人交往機會的孩子，也會習慣性地畏懼陌生人。如果父母的感情不和，孩子很容易在學校表現出暴躁、偏執或者孤僻的傾向。

家長如果發現孩子不太合群，不必過分擔心，或者說「你怎麼這麼膽小」之類的話，只要家長擠出時間來親近孩子，他們很容易就

會在交往上樹立興趣和信心。

比如說節假日，可以帶孩子去公園或親朋好友家走走，積極創造機會讓孩子與小夥伴一起玩耍。在這個過程中，父母一開始時可陪伴在旁與他們一起做遊戲，當熟悉之後可讓他們自己玩。

如果孩子之間發生了糾紛，家長一定不要只站在自己的孩子立場上去說話，也不要只批評自家的孩子。在處理小朋友的鬧彆扭時，家長要鼓勵孩子說說自己的想法，另外鼓勵相對弱勢的一方積極爭取屬於自己的遊戲權利。不論是和誰的小孩在一起玩，也不論孩子之間的年齡相差多大，家長都要做到一視同仁。

鼓勵孩子參加體育活動也是一個很不錯的培養交往能力的辦法。體育是一種直接與人正面接觸和競爭的群體活動。鼓勵孩子經常參加各種體育活動，既有利於提高孩子的身體素質培養興趣，也有利於提高交際能力。

如果孩子在上小班，家長可以問問他今天有沒有做遊戲，做得怎麼樣等。讓孩子回憶在學校和哪些人一起玩，成績怎麼樣等等，也是在幫助孩子體驗合作的樂趣。

◆發掘孩子的創造性

3~4歲是培養孩子創造性的黃金時期，我們可以看看著名的蒙特梭利教育法中對孩子成長敏感期的總結：

語言敏感期（0~6歲）

嬰兒開始注視大人說話的嘴型，並發出牙牙學語的聲音，就開始了他的語言敏感期。學習語言對成人來說，是件困難的大工程，但幼兒能容易的學會母語正因為兒童具有自然所賦予的語言敏感力。

因此，若孩子在兩歲左右還遲遲不開口說話時，應帶孩子到醫院檢查是否有先天方面的障礙。語言能力將影響孩子的表達能力，為日後的人際關係奠定良好的基礎。

秩序敏感期（2~4歲）

孩子需要一個有秩序的環境來幫助他認識事物、熟悉環境。一旦他所熟悉的環境消失，就會令他無所適從，蒙特梭利在觀察中，發現孩子會因為無法適應環境而害怕、哭泣，甚至大發脾氣，因而確定「對秩序的要求」是幼兒極為明顯的一種敏感力。

幼兒的秩序敏感力常表現在對順序性、生活習慣、所有物的要求上，蒙特梭利認為如果成人未能提供一個有序的環境，孩子便「沒有一個基礎以建立起對各種關係的知覺」。當孩子從環境中逐步建立起內在秩序時，智力也因而逐步建構。

感官敏感期（0~6歲）

孩子從出生起，就會藉著聽覺、視覺、味覺、觸覺等感官來熟悉環境、瞭解事物。三歲前，孩子透過潛意識的「吸收性心智」吸收周圍事物；3~6歲則更能具體地透過感官判斷環境裡的事物。

因此，蒙特梭利設計了許多感官教具如：聽覺筒、觸覺板等以敏銳孩子的感官，引導孩子自己產生智力。您可以在家中用多樣的感

官教材，或在生活中隨機引導孩子運用五官，感受周圍事物，尤其當孩子充滿探索慾望時，只要是不具危險性或不侵犯他人他物時，應盡可能滿足孩子的需求。

對細微事物感興趣的敏感期（1.5~4歲）

忙碌的大人常會忽略周邊環境中的細小事物，但是孩子卻常能捕捉到個中奧祕，因此，如果你的孩子對泥土裡的小昆蟲或你衣服上的細小圖案產生興趣時，正是培養孩子巨細靡遺、綜理密微習性的好時機。

動作敏感期（0~6歲）

兩歲的孩子已經會走路，最是活潑好動的時期，父母應充分讓孩子運動，使其肢體動作正確、熟練，並幫助左、右腦均衡發展。除了大肌肉的訓練外，蒙特梭利則更強調小肌肉的練習，即手眼協調的細微動作教育，不僅能養成良好的動作習慣，也能幫助智力的發展。

社會規範敏感期（2.5～6歲）

兩歲半的孩子逐漸脫離以自我為中心，而對結交朋友、群體活動有了明確傾向。這時，父母應與孩子建立明確的生活規範，日常禮節，使其日後能遵守社會規範，擁有自律的生活。

書寫敏感期（3.5~4.5歲）

進入書寫敏感期的孩子，一般需要經歷用筆在紙上戳戳點點，來來回回畫不規則的直線，畫不規則的圓圈，書寫出規整的文字等幾個階段。只要家長適時給寶寶創造書寫的環境，那麼他的書寫敏感期就會提前出現或者爆發得更為猛烈些。

閱讀敏感期（4.5~5.5歲）

孩子的書寫與閱讀能力雖然較遲，但如果孩子在語言、感官肢體等動作敏感期內，得到了充足的學習，其書寫、閱讀能力便會自然產生。此時，父母可多選擇一些讀物，佈置一個書香的居家環境，使孩子養成愛書寫的好習慣，成為一個學識淵博的人。

文化敏感期（6~9歲）

蒙特梭利指出幼兒對文化學習的興趣，萌芽於三歲，但是到了六至九歲則出現探索事物的強烈要求，因此，這時孩子的心智就像一塊肥沃的田地，準備接受大量的文化播種。成人可在此時提供豐富的文化資訊，以本土文化為基礎，延伸至關懷世界的大胸懷。

我們可以看到，3~4歲的孩子除了「閱讀敏感期」和「文化敏感期」還尚不夠之外，其他的幾個敏感期正是這個年齡的特點。因此我們也可以進行有針對性的訓練，而關於孩子創造性的訓練就可以基於這些敏感期的觀點而展開。

當然，個別兒童可能會提早進入閱讀敏感期，也有一些孩子的敏感期較晚，這時候需要家長區別對待。

這個年齡階段的孩子，可以多看一些有手工的書，例如《我四歲了》這本書中有很多和孩子一起找不同，貼紙、數數的遊戲，很多孩子都特別喜歡。

當然，在培養孩子的創造性的同時，也要兼顧「社會規範」等的教育。

家庭環境的支持

◆滿足孩子的好奇心和求知慾

三到四歲正是對自然界與社會現象產生強烈好奇心的年齡，不過可能根據孩子各方面的發展水準而表現出對不同領域的好奇。

如果語言能力逐漸發展，他們對新的、特殊的語言就會感到好奇。如果手腳愈來愈靈活，對破壞或組合的東西就會非常熱衷。另外，他們會不停地發問。

比如，住在自然環境較好的孩子，就會對植物和昆蟲產生好奇，問這是什麼那是什麼；而居住在工地附近的孩子，可能就會對混凝土、攪拌器、起重機等感到好奇，只問相關的問題。

令家長頭痛的是，大多數的孩子常有弄壞鬧鐘、窺探電視機內部、移動廚房用具的情形發生。

此外，由於好奇心的驅使，很多四歲的孩子會收藏一些破銅爛鐵，然後驕傲地拿回家向家人炫耀，或是帶到幼稚園給老師和小朋友看。而在幼稚園裡感覺比較新奇的東西，也會偷偷放進口袋帶回家。

很多大人認為不喜歡孩子有太強烈的好奇心，殊不知「好奇

心」是孩子長知識很重要的基礎之一。對任何事物都沒有好奇心或興趣的孩子，反倒是值得擔憂。

如何培養和保護孩子的好奇心呢？這裡有一些方法家長可以參考：

帶寶寶一起外出散步時，爸媽可以表現出對一草一木，太陽星星及其他事物的興趣和探索願望；如果寶寶喜歡音樂，就常常放給他聽，和他一起玩樂器；如果寶寶對昆蟲感興趣，就陪他一起捉、養昆蟲。

如果孩子總是喜歡問這問那，而家長又不太能用科學的解釋打發孩子，最好不要粗暴地制止孩子問問題，而是鼓勵孩子想辦法去尋找答案。

比如說孩子問「我是從哪裡來的？」，爸爸媽媽不要支支吾吾地不做回答，如果有動物世界的節目，可以和孩子一起看動物的交配繁殖理解這個問題。

另外家長可以多問問孩子的感覺：「你覺得怎麼樣……」，「幼稚園裡今天發生了什麼事？」此類開放式的提問能夠讓寶寶表達自己的想法，展現他的愛好和興趣。

還可以透過裝飾孩子的房間，多增添一些藝術品，來激發孩子的欣賞能力和思考能力。

如果孩子喜歡把玩具到處亂扔，或者做一些影響整潔的遊戲，家長最好不要因此而制止他，給孩子建一個遊戲角，讓他在「自己的區域裡」自由玩耍，也有利於保護他的好奇心。

這個階段重要的是語言發展，動作發展，會玩，有好奇心，喜歡活動。至於能不能做得很好，是否能彈一首鋼琴曲等等，並不是最重要的，家長不要本末倒置。

◆讓孩子幫忙

其實勞動對小孩而言能幫助他們訓練平衡感、合作精神、統籌能力、訓練身體等等，可謂一舉多得。

三到四歲的寶寶雖小，但他們也具備幫忙做家務的能力了，有些事情家長可以放心地交給他們。例如給室內養的花卉澆水、用餐前擦桌子、擺放湯匙、杯子，用餐完畢之後收拾桌子，整理衣物等等。

家長在讓孩子幫忙的時候，切忌沒有耐心，見孩子做得不好就乾脆自己做；也不要對他說：「你自己去玩吧，不要給我添麻煩」這樣的話，對孩子的積極性和自信心都不好。

◆玩具

對大人來說學習很重要，而對孩子來說玩遊戲就是最好的學習。玩具是孩子認識世界的一個重要途徑，透過玩具能促進兒童身體精細動作和語言的發育，提高孩子的注意力、觀察力以及認知能力，發展他們的想像力和思維能力，培養孩子之間相互友愛、愛護公物的良好品質，培養愉快的情緒和對美的感受力，刺激他們的視覺、聽覺

和觸覺，增強求知慾和好奇心，促進兒童智力的發展。

怎樣為孩子準備玩具，幫助他們的智力發展，這是家長需要注意的。

三到四歲的孩子開始有了形象思維，這時可用多種形象玩具幫助他認識事物，也可以用玩具做情節簡單的遊戲。

這個年齡的孩子發音正確，能用語言表達自己的思想感情，對感興趣的東西好奇、好問、好模仿，因此要給兒童準備戶外運動的玩具，啟發他進入角色，懂得上下、左右等反義詞，能複述圖畫內容，選擇能顯示大小、快慢、長短、高矮等相反意義的玩教具或配對圖片等。

為孩子提供小動物玩具，交通玩具。讓孩子學會說出玩具物體的名稱、外形特徵，藉助玩具多看、多聽、多說。藉助玩具做一些模仿遊戲、角色遊戲，在遊戲中發展孩子的語言能力、認知能力。

選擇一些結構玩具，如積木、拼圖，不同形狀的厚紙板、三合板、膠泥、橡皮泥及一些廢舊材料，讓孩子進行一些結構遊戲，利用這些材料造房子、搭大橋、建火車、塑動物、做桌椅等等，進行創造性遊戲，發展孩子的創造力和想像力。

另外也可以鼓勵孩子騎童車。童車是孩子的最好玩具之一，既可以訓練身體，又可使手、眼、腳的動作協調一致，掌握平衡和控制的能力。

每位家長還可以根據自己的能力來選擇玩具，不過選擇的時候

要注意，最好不要選過於成人化的玩具，另外也不要選擇味道很大的塑膠玩具，會對孩子的身體不好。

◆讓孩子保持愉快的心情

大部分的孩子是容易情緒興奮，而且樂於參與活動的。但是也有一些孩子因為在學校被欺負，或者是被老師責備，或者是感到不被接納而悶悶不樂。如果孩子在家中有這些表現，家長就需要多注意了。

快樂的心情能夠滋養出很多樂觀、優秀的品質，而陰鬱的心情對成長中的孩子來說是一個「殺手」──對孩子的身心發育都有影響。

所以家長要留意孩子的情緒變化。一般來說，不要在孩子吃飯、睡覺前責罵他，即使有很嚴重的錯誤，哪怕不讓他吃飯也不能一邊吃一邊教訓他。

如果家長在工作上、社交上出現了問題，或者夫妻之間出現了誤會和感情裂縫，一定要克制自己不要在孩子面前發作，對孩子來說，沒有什麼比父母不和更可怕的了。

很多家長覺得奇怪，為什麼我帶孩子去遊樂園玩，買了很好的玩具，孩子仍不開心。那麼家長需要問一問自己，家庭中的氛圍是否融洽。

很多家長以為三到四歲的孩子不能明白大人之間的事情，但事

實上家人之間是否有愛，孩子完全可以感覺到。

　　有幼教經驗的老師也常常提醒，那些家庭關係不好的孩子在學校容易不開心。

　　有的家長擔心自己的家庭經濟能力不夠好，會讓孩子過得不開心，其實這是多慮了。如果家長能意識到自己的能力有限，就更要想辦法多讓孩子感受到愛和快樂。而父母的微笑就是最好的引導方式。

需要注意的問題

◆可能出現的事故

3~4歲的孩子容易出現的事故是：

1. 走失

家長在帶孩子出去玩的時候，最好能把孩子的身份卡片也隨身攜帶，以防走失。家長可以自己做一個，上面寫明孩子的姓名，聯繫電話，住址，血型，若孩子走失時方便別人幫忙聯繫家長，也以防出現交通事故時急救。

2. 吃東西的時候被噎住或者卡住喉

3~4歲的孩子開始自己吃東西，家長要注意不要給孩子吃一些剛好一口吞下大小的東西，例如大棗、魚塊等等，有的孩子可能一口吞下去會堵住喉嚨。

3. 被拐騙

在四歲左右被拐騙的兒童有很多，而且越是小的孩子越容易被帶走。家長需要進行自我保護方面的教育，不要跟著陌生人走，不要給陌生人開門，也不要去居住的社區以外的地方玩耍。

4. 溺水

孩子學游泳必須在家長的看護下進行，身活在海邊附近的孩子，家長必須嚴禁孩子接近海邊，另外如果城市的防護措施不完善，家長們可以聯合起來要求在危險地段增加兒童的保護設施，例如在河邊建圍欄等，不要等到悲劇發生了再去追求是誰的責任。

◆突然發燒

幼兒的體溫在某些因素的影響下，會出現一些波動。這些情況下幼兒體溫上升是正常的，例如：傍晚時體溫比清晨時高，寶寶進食、哭鬧、運動後，衣被過厚、室溫過高等。如果只是暫時的、幅度不大的體溫波動，家長不必擔心。如果家裡有體溫計，可以測量一下，以下是正常範圍的體溫資料：

口腔體溫範圍：36.2℃～37.3℃

腋窩溫度範圍：35.9℃～37.2℃

直腸溫度範圍：36.5℃～37.5℃

如果幼兒突然發燒又不方便去醫院，可以採取下列措施降溫：

將濕毛巾敷於發熱寶寶的前額，2～3分鐘換1次；把冰塊搗碎，與水一起裝入冰袋(或熱水袋)內，排出空氣後，擰緊袋口，放在發熱寶寶的枕頸部；讓發燒的寶寶在30℃左右的溫水中沐浴20～30分鐘；用溫水浸濕紗布，輕拍發熱寶寶的上肢、下肢、額部、頸部、腋下及腹股溝等處。

給發燒的幼兒用藥不可操之過急，熱藥用量不可太大，服藥需間隔4～6小時，不宜在短時間內讓寶寶服用多種退熱藥，降溫幅度不宜太大、太快，否則寶寶會出現體溫不升、虛脫等情況。

幼兒發燒時，身體新陳代謝加快，對營養物質的消耗會大大增加，體內水分也會明顯消耗。同時，由於發熱，體內消化液的分泌會減少，胃腸蠕動減慢，消化功能會明顯減弱。所以，爸爸媽媽一定要注意飲食調理，高熱量、高維生素的流質或半流質食物是最佳的選擇。也可以給幼兒喝一些米湯、綠豆湯、蘋果汁等。

如果幼兒因為發燒食慾不好，不要勉強他吃東西，但要儘量補充水分。另外不要給他增加以前沒有吃過的食物，以免引起腹瀉。

體溫升高也可能引起驚厥，6個月至5歲的兒童都有可能發生，這種病很可能有家族遺傳史。發燒驚厥可能持續數分鐘之久，症狀和其他類型的驚厥相似：失去知覺，四肢劇烈抽搐，恢復知覺後昏睡。

在孩子第一次出現發燒驚厥時，應該去看醫生。驚厥的第一次發作對疾病的正確診斷很重要。孩子發作當時，父母可先將孩子平放在遠離尖銳器物的地上，頭側向一邊，這樣汙濁物就能從口腔流出而不被吸入；可能的話，將他的衣服脫光，或用濕毛巾給他擦身降溫，千萬不要把孩子放在暖氣房或電暖器旁。不要讓孩子嘴裡咬東西，這樣做會損傷牙齒，弊大於利。

◆感冒

幼兒感冒常常是因為運動過後大量流汗，沒有及時增減衣物或者被流行性感冒病毒感染而引起的。幼兒感冒後會拉肚子、沒有氣力、食慾不振、昏昏欲睡等。一般用針對小兒的感冒藥即可，在服用的時候要注意劑量。

常有家長抱怨小孩常感冒，雖然很細心的照顧，但小孩的感冒不癒，吃藥打針，但一停下來小孩又流鼻水、咳嗽，反覆的出現感冒症狀。其實這些小孩子並不都是患了感冒，有一部分是屬於過敏的體質。因此並不是每次流鼻水、咳嗽症狀都是感冒所引起的，只是呼吸道的過敏症狀和感冒的症狀很相同罷了。

一般我們說的感冒是身體受到病毒或細菌的感染所致，除了會流鼻水、咳嗽外通常小孩常會有喉嚨痛和發燒的現象，食慾及體力也會變差。

但是有過敏體質的小孩，並不是受到感冒病毒的感染才會有流鼻水、咳嗽的症狀，像突然的溫差變化，如從外面炎熱的大氣進到冷氣房內，或吸到汽車的廢氣，進入剛油漆的房間，早上醒來翻動棉被而吸入棉絮或灰塵，和小貓小狗玩吸到動物的毛屑，劇烈的運動等等，都可能出現打噴嚏、流鼻水、咳嗽等症狀，但這些小孩的精神狀況和食慾都仍很好，所以一個常打噴嚏、流鼻水或咳嗽的小孩，應該考慮其症狀並不是每次都是由感冒病毒所引起的，是不是還有其他的因素呢？

孩子免疫能力的提高需要採取多方面的措施，最重要的是飲食與訓練。目前對孩子的免疫系統功能提高有益的營養素，越來越多的

受到父母的重視，比如「核苷酸類」食物的添加。富含「核苷酸」的食物有：魚、肉、海鮮、豆類食品等。

此外還要注意飲食結構的合理性，不要一味地高蛋白飲食。另外要多帶寶寶到戶外，叫孩子多運動，曬曬太陽，在大自然當中訓練，最好能讓小孩學游泳，少吃冰冷食物。孩子的免疫力提高了，感冒自然就少了。

◆腹痛

小孩由於吃了不常吃的東西、不衛生的食品或者運動的時候張開嘴吹進了風都有可能引起腹痛。但這些情況一般都會隨著上廁所而消失。

如果三四歲的幼兒經常性的腹痛，有可能是腸痙攣。腸痙攣一般可在3天左右逐漸緩解。除此之外，還可能出現以下幾種情況：

急性闌尾炎

開始時孩子感覺胃疼或肚臍周圍疼，數小時後才轉為右下腹部疼痛。用手按小兒右下腹時會加劇孩子的哭鬧，孩子還常伴有噁心及嘔吐等症狀，然後出現發燒，體溫可升高達39℃左右。同時還伴有

（1）噁心、嘔吐：大多數孩子伴有嘔吐，嘔吐物多為未消化的食物。

（2）發燒：大多數患兒在腹痛出現後不久開始發燒，也有表現為哭鬧與發燒同時出現。

（3）怕揉肚子：患兒怕家長或醫生用力按壓右下腹，該處腹壁肌肉發緊，孩子拒絕大人揉按腹部。也有些患兒症狀不典型，如有的患兒一開始就腹瀉，很像腸炎。

小兒闌尾炎的發展較快，時間稍長有闌尾穿孔造成化膿性腹膜炎，可能會危及孩子的生命，所以，如果發現孩子出現以上症狀，應儘快送孩子去醫院。

嵌頓疝

孩子陣發性哭鬧、腹痛、腹脹和嘔吐，在站立或用力排便時腹股溝內側出現一腫脹物，或僅表現爲一側陰囊增大。經醫生治療後，這種情況還可能反覆發生。

腹痛原因：由於小兒哭泣、咳嗽、大笑、打噴嚏、用力(比如解大便時)等原因引起腹壓增加，從而使腸子進入腹股溝或陰囊進而造成腹痛。小兒疝氣以臍疝氣和腹股溝疝氣最爲多見。臍疝氣發生嵌頓的機會很少，大多是由於腹股溝疝氣發生嵌頓而造成腹痛。如果是這種情況請立即就醫。

小兒胃腸生長痛

有些孩子會莫名其妙地發生陣發性腹痛，多方檢查又找不到原因，服治療腸痙攣和驅蟲的藥也無效。其實，這種腹痛可能是一種正常的生理現象，醫學上稱爲「小兒胃腸生長痛」。小兒胃腸生長痛的主要特徵是在一定時間內反覆發作，每次疼痛時間較短，一般不超過10分鐘。

腹痛部位以腹周爲主，其次是上腹部。時痛時止，反覆發作，

腹痛可輕可重，嚴重時可令孩子持久哭叫、翻滾，肚子稍硬，間歇時整個腹部柔軟，常伴有嘔吐，吐後精神尚好。疼痛無一定規律性，疼痛程度也不一致，輕的僅為腹部不舒適感，重則為腸絞痛，孩子疼痛難忍，還可聽到「咕嚕」的腸鳴音。但這種疼痛可很快緩解，緩解後孩子的精神狀態、飲食及活動即恢復正常。

小兒胃腸生長痛是由於腸壁肌肉強烈收縮引起的陣發性腹痛，為小兒急性腹痛中最常見的情況。其發生的原因與多種因素有關，如受涼、暴食、大量冷食、嬰兒餵乳過多等等。這種腹痛多見於3～12歲兒童。其原理是由於孩子生長發育快，身體的血液供給一時間相對不足，腸道在暫時缺血狀態下，出現痙攣性收縮引起疼痛。

另外，由於自主神經功能紊亂，會導致腸壁神經興奮與抑制作用的不協調，引起腸道平滑肌強烈收縮也會出現疼痛，所以醫學上又稱之為「小兒腸痙攣」。

對於小兒胃腸生長痛，一般不需治療。如果疼痛嚴重時可熱敷或按摩足三里穴及腹部，對緩解疼痛有一定的作用。

細菌性痢疾

常起病急驟，先有發燒達39℃甚至更高，大便次數增多，腹瀉前常有陣發性腹痛，肚子裡「咕嚕」聲增多，但腹脹不明顯。

病兒脫水嚴重，皮膚彈性差，全身乏力。好發於夏秋兩季，主要是不潔的飲食衛生而引起細菌感染。這種情況下，家長可以注意以下幾點：

（1）患兒必須隔離，食具的消毒可在開水中煮沸15分鐘，給孩

子玩的玩具可用易於消毒的木製或塑膠製的。患兒的床單被褥可在日光下曝曬6小時消毒。

（2）為減少體力消耗和減少排便次數，應讓患兒臥床休息。孩子腹痛時可在腹部放熱水袋，但須注意水溫不要太高，以防燙傷。

（3）如果嬰幼兒大便又急又快，可讓孩子把大便解在尿布上，不必要求他坐廁解便，這樣可防止肛門直腸脫垂。每次大便後用溫水洗淨孩子臀部。如有脫肛時，可用紗布或軟手紙塗上凡士林，托住脫垂的肛門，一面輕輕按摩，一面往上推，即可復位。

（4）孩子如果嘔吐頻繁，可短期禁食，醫生會給孩子靜脈補液。家長則可餵孩子少油的流質，如藕粉、豆漿等。待病情好轉，就可儘早進食。這時，可以餵孩子少渣、易消化的半流質食物，如麥片粥、蒸蛋、水煮麵條等，牛奶易引起腹瀉脹氣，所以暫時不要餵給孩子喝。

多給孩子補充水分，在恢復後期，應設法引起患兒的食慾，也可以在孩子進食前半小時先讓他服用消化酶類藥物如胃蛋白酶等，並在飲食中增加營養和蛋白質，開始可少食多餐，逐漸增加，以防止消化不良。

（5）慢性菌痢的患兒，常有營養不良，故家長更應該合理安排孩子的飲食，除避免生、冷、不易消化和油膩的食物外，為使患兒能在短期內改善營養狀況，應結合患兒平時的飲食習慣，注意改進食物的色、香、味和多樣化，以引起他的食欲。

（6）過敏性紫癜腹痛特點：過敏性紫癜是一種變態反應性疾

病，常伴有全身的症狀。首先表現爲皮膚紫瘢，面積大小不等，表面呈紫紅色，多分佈於四肢和臀部，以踝、膝關節處最明顯。在此基礎上出現腹部陣發性劇烈絞痛，以臍周或下腹部較明顯，有壓痛，但肚子軟。常伴有腹瀉及輕重不等的便血，大便爲黑色或紅色。

它是由於腸管內壁出血、水腫造成的。有的幼兒還伴有關節腫痛，甚至血尿等情況。

如何應對：送孩子去醫院治療，此病多以中醫中藥進行對症治療，可達到祛邪固本的作用。嚴重的患兒還需激素治療，但此病一般預後良好，輕症一周、重症4～8周便可痊癒。患兒應臥床休息，限制進食硬而不易消化的食物。

急性腸系膜淋巴結炎

往往先有發燒、後有腹痛。腹絞痛的部位可能是彌漫的，或因發炎的淋巴結位置而有不同，但以右下腹最多見。腹痛部位易變，腹痛強度也易變。

細菌透過胃腸道破裂的腸黏膜進入乳糜管，使腸系膜淋巴結炎性增大；由於炎性滲出液刺激，出現發燒、腹痛、噁心、嘔吐、腹瀉等臨床症狀。小兒急性腸系膜淋巴結炎絕大多數發生在3~10歲，男孩占57%，發病的高峰爲7歲以下的兒童。該病常在急性上呼吸道感染的病程中併發或繼發於腸道炎症之後。

◆盜汗

如果幼兒在睡夢中出汗，醒來即止，那麼這就是我們常說的盜汗。盜汗可分為生理性盜汗和病理性盜汗。

生理性盜汗：幼兒皮膚幼嫩，所含水分較多，毛細血管豐富，新陳代謝旺盛，自主神經調節功能尚不健全，活動時容易出汗。

若幼兒在入睡前活動過多，身體內的各臟器功能代謝活躍，會使身體產熱增加，在睡眠時皮膚血管擴張、汗腺分泌增多、大汗淋漓，以利於散熱。其次，睡前進食會使胃腸蠕動增強，胃液分泌增多，汗腺的分泌也隨之增加，這會造成小兒入睡後出汗較多，尤其在入睡最初兩小時之內。

此外，若室內溫度過高，或被子蓋得過厚，或使用電熱毯時，均可引起睡眠時出大汗。

病理性盜汗：有些幼兒入睡後，出汗以上半夜為主，這往往是血鈣偏低引起的。低鈣容易使交感神經興奮性增強，好比打開了汗腺的「水龍頭」，這種情況在佝僂病患兒中尤其多見。

如果伴有易發怒，晚上哭鬧，缺鈣的可能性比較大。但盜汗並非是佝僂病特有的表現，應根據餵養情況，室外活動情況等進行綜合分析，還要查血鈣，血磷及腕骨X光攝影等，以確定幼兒是否有活動性佝僂病。

幼兒常見的盜汗是由於缺鈣引起的，即使孩子只是生理性盜汗，家長也要留意，因為出汗意味著體液流失，身體內的營養也在丟失，體質變差，容易生病。

容易盜汗的孩子，家長要控制他們的活動量，吃過晚飯就不要

劇烈運動，因為運動後體內會積聚熱量，到了晚上就要出汗了。

◆尿頻

小兒尿頻是很常見的，尿頻是一種症狀，並非疾病。引起尿頻的原因很多，但可分病理性(由疾病引起)的和生理性尿頻兩類。

病理性尿頻

病理性尿頻可能是患有感染、結石、腫瘤或存在異物，以尿路感染為多。幼兒尿路感染以後，每次尿量不多，但排尿次數卻明顯增加，並有尿急、尿痛等症狀。由於疼，孩子排尿時往往會哭鬧。

此外，患了尿路感染後，通常伴有全身症狀。如體溫增高、食慾減退、嘔吐等等。做尿常規檢驗可幫助診斷。治療時要多給孩子飲水，讓他們休息好，在醫生指導下使用抗生素等藥物。

蟯蟲刺激也會引起幼兒尿頻。感染蟯蟲後，晚上成蟲會爬到肛門附近產卵，檢查時可見到白色線頭樣小蟲。治療時要幫孩子剪指甲、糾正孩子吮手習慣、燙洗內褲和被褥罩，並在醫生指導下服用驅蟲劑。

生理性尿頻

生理性尿頻除了飲水過多、天氣寒冷、褲子不合身等生活因素外，最常見的當屬精神性尿頻。短時的尿頻往往與孩子希望引起父母注意有關。

許多年輕的父母都有這方面的經驗：當大人聊天聊得正起勁

時，孩子會不時地高喊：「媽媽(爸爸)我要尿尿！」這種尿頻一般是暫時的，當父母帶孩子上廁所而中斷談話後，尿頻自然消失。但如果家長對孩子關注不夠，使得孩子總將尿尿作為尋求注意的「王牌」，就可能留下習慣性精神性尿頻的習慣，此時再糾正就很難。

一旦發現孩子尿頻，就要找出原因，不要緊張的追問孩子，也不要大驚小怪地逢人就詢問治法，以免強化孩子「尿尿，媽媽會注意我」的想法。更不能呵斥孩子「不許尿」，而要循循善誘地引導，使他自覺克服。

◆尿痛

正常情況下，小兒出生後頭幾天內每日排尿4~5次，1周後可增加到20次，1歲時每日排尿15次左右，上小學時每天排尿6~7次。

若排尿次數明顯增多，則稱為尿頻；3歲以上的幼兒有尿意憋不住，就迫不及待地要排尿，否則就會尿褲子，這種現象稱為尿急；排尿時尿道有股熱辣辣的感覺，稱為尿痛。

要注意多飲水，女童需要注意會陰部衛生，並教會女童排便後要用衛生紙由前往後擦，以免將肛門處的細菌帶到尿道口上。

如果幼兒有尿頻、尿急、尿痛，但多次尿液化驗檢查結果都正常，這可能是兒童穿緊身褲對尿道的刺激所致。所以，幼兒不宜久穿緊身褲。如果幼兒有輕微尿頻，伴有浮腫、高血壓、尿中有紅血球細胞者，應考慮患了腎小球腎炎。

男孩子小便疼痛的時候，首先要查看陰莖。陰莖頭上紅腫是龜頭炎，多半是由髒手接觸所引起的炎症。也有的是在褲襠上留有黃色污痕。口服藥物治療2~3天就會痊癒，不必著急。

也有陰莖雖無異常，但排尿時有痛感。尿的次數也多，剛尿完又想尿，尿中帶血，呈紅色。尿完後，陰莖頭上滴血，特別疼痛，並髒了褲襠。這種症狀在第二天達到高峰，3天後逐漸減輕，5天後可痊癒。

◆自慰

自慰是指自己刺激生殖器，很多孩子在上幼稚園的年齡或者更早就開始刺激自己的生殖器。

他們會投入的在椅子腿上蹭來蹭去，或者在睡覺時撫摸自己，或者自己照鏡子觀察隱私部位。但這與成年人自慰是不一樣的，他們只是享受一種舒服和放鬆的感覺，對「自慰」毫無概念。

兒童的自我撫慰還可以幫助他們驅散害怕和不安全的情緒，在激動或緊張的情形下，使自己鎮定下來。

所以小孩自慰並不可怕，這是屬於正常的生理現象。重要的是父母不要讓孩子對此有犯罪感和神祕感。如果父母面對孩子的自慰大聲訓斥，並告訴他這是壞孩子的做法，孩子就會擔心，會使他懷疑自己是不是很壞，而且對此更有好奇心和神祕感。

如果孩子經常在白天多次地進行自慰，那可能是由於沒有得到

足夠的關注，感到無聊所至。父母需要多陪孩子，轉移孩子的注意力，培養多種興趣愛好來豐富孩子的內心世界。應該注意孩子的生活習慣，不要賴床和穿過緊的衣褲。

四歲幼兒出現自慰現像是常見的，主要是因為對自己身體的好奇、衣服過緊、皮膚瘙癢或生殖器官感染、蟯蟲使肛門、性器官感到瘙癢所造成的。

此外，缺乏關愛和曾經遭遇過性侵害的寶寶，也很容易出現自慰。

◆口吃

口吃是兒童常見的一種語言障礙。1%的人可能患有口吃，但事實上5%的人在一生中都會有一段時間口吃。

5歲前，很多孩子都會出現暫時性語言不流利，特別是3歲的孩子，開始學會構造詞句，但是他們的神經生理成熟程度還落後於情緒和智力活動所需要表達的內容，會出現口吃的症狀。

3~4歲口吃的原因主要有：

1.孩子「了然於心」但是不能「了然於口」，在他從腦袋裡面找合適的詞彙表達自己的意思時的空當中，會出現口吃。這種口吃稱之為階段性的口吃，隨著語言能力的進步，這種口吃現象會減少，終致消失，不必擔心。

2.受到強刺激，如嚴厲的責備、打罵而引起的情緒緊張，用重複

的字或拖長音來調整自己語言的表達方式。這種只是嚇出來的，即使成年人也會出現緊張時「張口結舌」的情況。

3.模仿周圍有口吃的人，或者由於無意識地口吃被大家關注，就持續拿口吃來逗樂，形成了不良習慣，它不是一種病。需要父母糾正。

4.父母在孩子學說話的過程中會糾正發音，例如「我想坐灰機」「是『飛』」「飛機」，這種情況出現多了，家長總是打斷孩子的話，孩子也容易形成口吃。

可以說三到四歲的孩子口吃是正常現象，父母大可不必過分擔心。5歲才是鑑別真性口吃的分水嶺，家長如發現5歲以上的寶寶有口吃問題，務必立即帶寶寶就醫，不及時進行矯正可能會持續到成年。

有的人認為有口吃也不要緊，事實上語言障礙不僅嚴重影響兒童的語言理解和表達能力，還將影響兒童的社會適應能力，並使注意力缺陷和學習困難等心理行為問題的發生率增加。

因此建議家長要耐心聽孩子在講什麼，而不是聽他怎麼講；對他講話的內容做出反應，而不是對他的口吃做出反應；不要打斷他的講話，讓他使用自己的詞彙。與此同時，家長要每天持續至少花5分鐘時間和孩子談話，做到語速緩慢、語言簡單、輕鬆愉快。

另外，兒童最初語言學習主要靠模仿，因此家長本身要有很好的語言習慣，最好不要說「吃果果」、「吃飯飯」這樣的不完整的句子。

◆吸手指頭和啃指甲

很多小孩都有啃指甲的習慣，今天也有很多家長小時候也有過類似的經歷，都說自己是不知不覺就好了。其實咬指甲在高度緊張的孩子中比較常見，而且還有遺傳傾向。

這些孩子一感到緊張就開始咬指甲——例如，在學校等待探訪的時候和看到電影中的恐怖鏡頭的時候。如果孩子平時很快樂，也很有成就，那麼，他即使有這種習慣，也不一定是個不好的現象。儘管如此，這種現象還是值得認真對待的。

有的父母從健康方面考慮，用責罵或者在孩子的手上塗黃連制止孩子啃指甲，但這些行為只會讓孩子更緊張，也就無法停止啃指甲的行為。

因此，比較好的作法是找出孩子的壓力是什麼，然後再想辦法排除這些壓力。

小孩子能有什麼壓力？有的家長可能會這樣說，事實上很多對我們來說習以為常的事情對孩子來說也是有壓力的。他是不是不停受到催促、糾正、警告或者責備？你是不是對他的學習期望得太多？他是否適應學校的節奏和同學？是否看過暴力、血腥的影視作品？

如果你的孩子在其他方面都表現得很好，就不要過多地說他咬指甲的事了。但是，如果他是表現不好的孩子，那就需要找學校的心理輔導老師諮詢一下，或者找家庭機構的社會福利工作者商議一下。

總之，應該注意的是導致孩子焦慮的原因，而不是咬指甲這一行為本身。

有些孩子咬指甲只是一種與其他無關的緊張習慣。

咬指甲的行為雖然不好看，但也不是什麼大不了的事情。多數孩子最終都會自願地停止這種行為。

因此，不要把這個小習慣看得太嚴重，不要讓它影響你和孩子之間的關係，也不要把本來與此無關的孩子個性問題牽扯進去。

◆週期性嘔吐

孩子盡興的玩了一整天，一切都好好的，但是隔天早晨便開始發病。沒精神，食慾不振、嘔吐、想睡覺。這種情況就可能是日本養育專家所說的「自體中毒症」，或者是我們說的「週期性嘔吐」，但都是不太嚴重的病症。

這種病只要患過一次，就會多次反覆發作。大多數的孩子一上幼稚園就好了。但有些孩子會持續到小學2年級，這多半是身體偏弱的孩子。

這種病是由疲倦引起的，沒有預防發作的常備藥。應適當控制孩子星期天郊遊和同小朋友玩耍。但是，也不能因為害怕發作，星期天就不帶孩子外出，或不讓他和小夥伴一起玩。當然，主要還是增強孩子的抵抗力，儘量讓孩子在室外環境中加強運動，鼓勵和培養孩子的獨立能力。

孩子患過一兩次這種病後，當媽媽的也能體會到致病原因是疲倦。在早晨看到孩子精神不太正常時，就要讓他安靜地躺著或睡覺。媽媽對孩子疾病的處理態度，可決定孩子病情的發展與否。有把握的媽媽會說，不要緊，安靜地睡一覺就好了；而有的媽媽習慣性地驚慌失措，到處看病求診。如果孩子自己也喪失了信心，把自己當成病人，對運動就會有抵觸情緒，不敢冒險，整天憋在家裡，這樣身體就會愈來愈弱。

◆做噩夢

　　做夢與腦的成熟、心理機能的發生、發展是有較密切關係的，有的心理學家認為做夢是大腦的自我保護，因而對幼兒做夢不必擔心。

　　一些寶寶在做夢時會出現驚叫、夜遊的現象，這主要是由於寶寶大腦神經的發育還不健全，再加上疲勞，或晚上吃得太飽，或聽到看到一些恐怖的語言、電影等而引起的。這雖然是功能性的，隨著神經細胞發育的成熟會逐漸消除，但家長應注意做好寶寶的睡眠準備工作。如培養寶寶有規律的作息，睡前不要給寶寶講恐怖故事，飲食上特別注意晚餐不要吃得過飽，白天不要讓寶寶過度疲勞緊張等。

　　在3~4歲的孩子中，也有那種晚上喊「救命」但是第二天什麼事情都不記得的情況，這是夜驚症。如果去看醫生，醫生會給類似癲癇一類的藥物，然而夜驚症並不是癲癇，只要生活安排得規律，就可以

自然消失。

◆鼻孔中進入異物

孩子在玩豆子、乾果核、鈕釦電池等的時候會不小心把它們塞進鼻孔。如果孩子著急得用手指摳，不但取不出反而會塞得更深。

這時候家長最好不要擅自用小鑷子去取，因為只有備有特殊鑷子的耳鼻科醫生才能夾得出來。必須把受刺激發脹的鼻黏膜塗上藥，使鼻孔內通暢後才能取得出。

有的孩子很膽小，把東西塞進鼻孔、耳道後不敢和家長說，這時候需要家長多留心，發現孩子身上有臭味、膿漬，必須仔細檢查鼻孔、耳道。

◆蕁麻疹

蕁麻疹是一種常見的皮膚病。幼兒也會患蕁麻疹，出疹的情況和大人一樣。孩子身上發癢，脫下衣服就會發現胸、背、腹等處有紅色隆起疹塊，過一段時間又消失了，但是會反覆發作，有時候伴有噁心的症狀。

引起幼兒蕁麻疹的原因有很多，例如：(1)食物及添加劑；(2)藥物；(3)感染；(4)動物、植物及吸入物；(5)物理因素；(6)內臟疾病；(7)精神因素；(8)遺傳因素。按病因分類有許多特殊類型。

服藥不久出現的蕁麻疹，可能是藥物引起的，停止服藥即可。如果懷疑是食物引起的，可灌腸沖出殘留食物。皮膚癢處可敷止癢藥物。塗含薄荷的藥膏或抗過敏藥膏可使症狀減輕。除寒冷蕁麻疹外，可使用冰袋。清潔指甲，不要讓孩子用手去撓出疹的地方。

　　一般的蕁麻疹，在1～2週期間便可痊癒，但也有持續1個月以上的，這種蕁麻疹叫做慢性蕁麻疹，是一種無害的疾病。若是由寒冷引起的蕁麻疹，寒冷季節一過就好了。

Education: Age 1~6

4歲到5歲

◆ ──── Education: Age 1 ~ 6 ──── ◆

懷孕這檔事：寶寶1～6歲聰明教養

發育情況

　　這個階段寶寶的身高、體重的增長速度仍處於穩速增長階段，其增長速度與3~4歲時相近，仍然是身高的增長速度稍快而體重的增長則相對較慢，因此，看上去寶寶是光長個子不長胖。

　　一般情況下，滿五5歲時男孩身高在105.3~114.5公分，體重在16.6~21.1公斤，女孩身高在104.0~112.8公分，體重在15.7~20.4公斤

Education:
Age 1~6
懷孕這檔事：
1-6歲聰明教養

具備的本領

　　這個時候寶寶已經具有協調能力和平衡感，他們能單腳站10秒鐘以上，會單腳跳，不扶欄杆上下樓梯，用腳尖站立等。同時他們的肌肉力量也強得足以完成一些挑戰性的任務，比如翻跟斗和立定跳遠。這時候的寶寶正處在一個渴望獨立的階段，他們不再需要拉著大人的手，可以自在的跑和走，這時候對孩子的監護也很重要，大人要時刻注意寶寶，尤其在過馬路的時候或者是在靠近水源的地方。

　　此時，寶寶對自己小手的控制能力越來越好，他們幾乎不需要任何協助就會刷牙、穿衣服、上廁所，甚至會自己繫鞋帶。他們寫和畫的能力也有了很大的提升。他們會模仿畫一些幾何圖形，書寫一些數字和字母，用積木進行比較複雜的搭建等。

　　爸爸媽媽需要多給孩子一些活動和創造的空間，在這個階段，孩子的語言技能開始飛速發展。現在他們已經可以發出大多數音，但有些發音對他們來說可能還是比較困難的。他們已經可以用包括更多文字的句子講述故事，他不僅能告訴你發生的事情，也會向你講述他所想的事情。同時他們也會努力表達自己的願望、想法和感受，因此爸爸媽媽可以多教他們一些的詞彙，讓他們能夠告訴你他們的想法和

感受，和你進行交流。

　　4~5歲孩子是數字概念形成的最佳期。這時期孩子掌握了10以內的數字概念，他們也會理解計數、字母、大小關係和幾何形狀名稱的基本概念。

　　這時候孩子的求知慾很強，他們會關注例如爲什麽天是藍的，草是綠的等一些問題，同時他們還會意識到男女的性別差異，並表示關注，向爸爸媽媽提出一些有關性方面的疑問。針對這些問題家長不應回避或阻止孩子提問，應當給孩子正確、清楚、恰當的回答，同時可以選擇一些適合孩子閱讀的書籍來和他們一起解決這些問題。

　　這個階段孩子的人際關係偏向和同伴交往，而不是像之前大多是與老師、家長的玩耍。他們會主動與別人交往，有一些好朋友。

　　他們會渴望與自己的好朋友保持一致，在與朋友玩耍時，他們經常會超出爸爸媽媽制定的原則，開始意識到這個世界還有更好玩的事情。這個時候孩子合作意識開始增強，所以家長需要有意識的教寶寶一些合作的技巧。

　　孩子在這個時候可能會開始頂撞家長，因爲他們在試著挑戰權威，要求自立。針對這種情況，爸爸媽媽們最好不要做出過於激烈的反應，否則會進一步激發孩子的這種行爲。家長可以向孩子明確表示反對他的這種行爲，然後和孩子討論他的想法是什麽，這時候他們已經能告訴你自己的想法了。

養育要點

◆寶寶的飲食

這個階段的寶寶乳牙已經出齊，咀嚼能力大大提高，食物種類及烹調方法逐步接近於成人。但是，寶寶的消化能力仍不太完善，而且由於這個時候生長速度比較快，需要大量的營養素和熱量，因此在為寶寶安排每天飲食時要注意以下幾點：

1. 合理搭配，維持營養的均衡

堅持粗細糧搭配、主副食搭配、葷素搭配、乾稀搭配，粗細糧均衡搭配有助於各種營養成分的互補，還能提高食物的營養價值和利用程度；肉類、魚、奶、蛋等食品富含優質蛋白質，各種新鮮蔬菜和水果富含多種維生素和無機鹽，葷素搭配不僅營養豐富，又能增強食慾，有利於消化吸收；主食可以提供主要的熱能及蛋白質，副食可以補充優質蛋白質、無機鹽和維生素等；主食應根據具體情況採用乾稀搭配，這樣，一能增加飽足感，二能有助於消化吸收。

2. 選擇恰當的加工與烹調方式

寶寶的食物在加工時應盡可能注意減少營養素的損失，比如淘

米次數及用水量不宜過多，避免吃水泡飯。為了減少B群維生素和無機鹽的損失，蔬菜應整棵清洗、焯水後再切，減少維生素C的流失和破壞。

烹飪的時候要避免使用刺激性強的調味品和過多的油，食物烹調時還應具有較好的色、香、味、形，引起寶寶的食慾。

3. 合理安排進餐時間，養成規律的進餐習慣

幫助寶寶養成定時、定量的進食習慣是很重要的一個環節。

4. 營造安靜、舒適的進餐環境

安靜、舒適、秩序良好的進餐環境，可以讓寶寶專心吃飯。嘈雜的進餐環境，或者是吃飯時看電視，會轉移寶寶的注意力，讓他們處於興奮或緊張的情緒狀態，從而抑制食物中樞，影響食慾與消化。

5. 注意飲食衛生

寶寶身體抵抗力弱，容易感染，因此對寶寶的飲食衛生應特別注意。要讓寶寶養成餐前、便後要洗手的習慣；瓜果要洗乾淨才能吃，不吃不乾淨的食物，少吃生冷的食物。

6. 注重季節差異，適應季節變化

在飲食上要注意季節的差異。夏季給寶寶的食物應清淡爽口，適當增加鹽分和酸味食品，以提高食慾，補充因出汗而流失的鹽分。冬季飯菜可適當增加油脂含量，以增加熱能，提高禦寒的能力。

◆寶寶的零食

適當的零食有助於寶寶快樂地成長，但過量的零食就會造成一些健康隱患。因此，當給寶寶零食的時候，要注意以下幾個問題：

1. 控制寶寶吃零食的時間

孩子吃零食也要有一定的時間規律，一般可在午飯前、午飯後加些零食，以補充體力活動的消耗。

選擇的零食應該以能夠補充正餐中不足的一些營養，比如吃一些水果，正餐很少吃到水果，在餐前或者餐後食用一些水果可以補充維生素。此外也可吃小點心、餅乾、一兩塊糖果或其他不太甜、無色素、易消化的小零食。

2. 限制寶寶零食的數量

不要讓寶寶養成什麼零食都吃，沒有數量限制的習慣。如果寶寶整天吃零食，勢必不能好好吃正餐，腸胃也得不到休息。

一次性的大量吃零食也會造成腸胃的負擔，容易得腸胃病。吃過多的高熱量的零食，例如油炸食品，巧克力等也容易引起孩子的肥胖。

3. 不能把零食當做主食

零食在色、香、味上都比較吸引孩子，很多孩子把零食當做主食吃。

主食中含有人體所需的碳水化合物和一些B群維生素，雖然很多零食是以穀物為主要原料，但是為了提高口感，添加了很多的調料，經過很多特殊的加工過程，這樣大量的維生素就被破壞，缺少優質蛋白。

因此長期把零食當做主食，會造成營養不良、貧血。如果寶寶因為吃零食而不吃主食，可以考慮不要給寶寶吃零食。

4. 不在寶寶玩耍時或者哭的時候給寶寶零食

家長要避免在寶寶玩耍的時候給寶寶零食吃，果凍、棒棒糖等都可能危及到寶寶和其他的寶寶。

在寶寶哭鬧時也不能給寶寶吃零食，比如果凍、豆子之類的零食，很有可能造成寶寶的氣管阻塞，發生窒息。

◆偏食

如果爸爸不吃洋蔥，可能妻子做了他也不去吃，但是別人吃他不會反對；如果媽媽不吃洋蔥，她可能乾脆不做，家裡也就不會出現洋蔥這道菜了。

但是如果孩子不吃洋蔥而父母都吃，父母往往會強迫孩子一定要吃，讓每次吃洋蔥都變成一場戰爭，父母總是堅持從營養均衡的角度來考慮，但是對孩子的「壓迫」遠遠高於偏食帶來的危害，因為不吃一種食物並不會引起嚴重的疾病，家長可以透過改變食物的形狀和做法來讓孩子改變態度，或者透過吃其他的東西來彌補營養上的不足。

所以當孩子選擇不吃某樣東西的時候，家長不要大驚小怪，也不要罵孩子「不乖」，或者因為是寄託在爺爺奶奶家的就說爺爺奶奶太寵孩子了。

孩子偏食和我們不喜歡某種材料的衣服是一樣的，但是家長的強調往往會讓孩子更加在意自己是否吃某樣東西。「你不吃大蒜，所以我沒有放。」媽媽說這樣的話的時候，就是在強調孩子不吃某樣東西，這會讓他更加確信自己是不能吃它的。

所以當孩子表現出不愛吃什麼的時候，家長最好不要在意，自己吃自己愛吃的，讓孩子也自由選擇。如果孩子只是因為到別人家看到有的小孩不吃蘿蔔，回家也學者不吃蘿蔔，家長可以和孩子一起洗蘿蔔、煮蘿蔔，孩子多半會很樂意嘗一嘗自己親手做的東西。

人的喜好會隨著年齡而發生變化的。有的孩子3歲前不喝牛奶，到了5歲的時候愛喝了，這樣的情況很多。建議爸爸媽媽都不要太看重偏食這件事，它對孩子的身體傷害並沒有想像的那麼大。

◆哄孩子睡覺

四到五歲的孩子自覺性更高一些，同時活動量也更大一些，他們白天的運動量較大，晚上比較容易入睡。如果孩子這時候出現不愛睡覺或者沒有睡意，有可能是因為午睡太飽，或者白天沒有怎麼運動，精力還很旺盛。

這時候可以讓孩子自己看一會兒圖畫書，或者給他講故事，讓他在安靜、輕鬆的環境中入眠。

如果孩子遲遲不能睡去，爸爸或者媽媽可以問一問他是不是覺得不舒服，或者談談有沒有什麼事情。這個年齡階段的孩子已經能表

達一些自己的想法了，爸爸媽媽可以透過交流來知道孩子的想法。

這個階段要繼續堅持按時入睡的習慣，可以根據當天的情況適當調整孩子的入睡時間，但不要太晚，或者帶孩子去夜市。

◆喜歡書的孩子

如果父母對孩子過於關心，就總會覺得自己的孩子怎麼和別人不一樣，這樣到底好不好等等。例如讀書，對於四到五歲就喜歡讀書的孩子，家長往往比較擔心，認為這樣說不定會影響孩子在同齡人中的交友；不喜歡讀書的孩子，家長也會擔心，怎麼別的孩子都讀完《三字經》了，我的孩子還沒有開始呢！其實，這些問題都不是非黑即白的。

對喜歡讀書的孩子，可把好書送給他；對不喜歡讀書的孩子，就不必送書給他。如果爸爸媽媽想要知道自己的孩子是不是喜歡看書，可以把他帶到書本很多的地方去，看看他有沒有興趣。

一般來說，家裡藏書豐富、隨手可以拿到書的家庭，孩子看到父母閱讀，沉浸在讀書中，也會模仿，喜歡讀書。而從來沒有怎麼接觸過書本的小孩，對書的第一個反應可能不是很熱情。如果爸爸媽媽希望孩子能夠從小就愛讀書，最好自己也是閱讀的愛好者。

給孩子讀什麼書，最好是帶著孩子去書店裡面選擇。有一些是專門的繪本館，但帶著孩子去綜合性的書店也不錯，哪怕那裡大部分的書都是孩子看不懂的，能讓他去接觸很多買書、看書的人，同時知

道有很多很多的書，這對他們來說是一種很奇特的體驗。

　　一般養育過小孩的父母，在回答年輕的父母應該給孩子看什麼書的時候，都會說「看孩子的興趣」，因為事實也證明，強迫孩子在很小的時候看書，幾乎起不到效果，反而會加重孩子的厭學情緒。

　　讓孩子們讀書的時候，要注意照明燈和姿勢，照明燈不一定要買那種廣告中說的預防近視的兒童專用燈，只要足夠明亮又不至於刺眼就好了，另外不要讓書離眼睛太近。

　　喜歡讀書的孩子有的可能本身性格內向，加上讀書就更加不擅於和同儕玩耍了。這並不是書本的錯，但有的家長會說孩子讀書讀成了「書呆子」，書只是孩子性格的一個反映，他不愛交際，即使不讀書也會這樣。

　　也有一些喜歡讀書的孩子，喜歡動手做一做書上所說的事情，有時候可能會在家裡做做實驗，或者是更大了去圖書館借書來看，這些都是很好的現象。

　　如果你家的孩子和同齡人相比，識字的數量和速度都不比別人強，那麼也不要太在意。即使不識字，每天快樂的和其他小朋友一起玩也很好。父母們在教育孩子的時候切記，每個孩子都是這世上獨一無二的花，他們不需要開出一模一樣的姿態。

◆教孩子認字

　　在上小學前就會寫字的孩子已經很多了，他們不僅認識簡單的

國字，也認得數字。家長不要錯誤地認為這是教育有方的「成績」，孩子認字完全是靠自己的記憶力和思維來完成的，家長只是提前給他一個認字的環境而已，所以不會認字的孩子也沒有必要被看成是「笨小孩」，如果他們處於相同的環境，也可以認字的。

其實，教孩子認字完全可以自然而然的進行，我們生活的世界總是被文字和符號包圍，廣告、公車站牌、地圖、報紙、電視上都會有字，孩子看的畫冊上也會有字，如果爸爸媽媽在平時的生活中喜歡讀書看報，孩子很容易就形成認字的意識。有的媽媽會驚訝怎麼孩子可以認識比她想得多的字，這裡的奧妙就在於，孩子觀察了生活。

但是有的家長為了讓孩子贏在起跑點上，買了很多字帖、筆劃拆開的練習冊，讓孩子一個一個認。還是和前面提到的那樣，如果認字和閱讀、理解完全脫節，效果就難以理想了。單純的認字就像我們憑空記單詞一樣，是很難記住的，但是若和故事結合起來，就會容易很多了。

認字之後要不要學會寫呢？答案是沒有必要。寫字比認字又要難很多，家長不要急功近利，破壞了孩子的積極性。在很多英語國家中，孩子都是先會說，會用之後，再去認識音標、學習寫單詞的，這與我們對語言的認知是相同的。鼓勵孩子認識和會用，比會寫更重要。

◆鍛鍊身體

四到五歲的孩子，一方面是可以進行體力訓練，例如和爸爸一起跑步、在社區健身公園跟著做一做小幅度的體操和運動，但主要還是在日常生活中加強身體訓練。例如和家人一起郊遊、買東西、逛公園、走親訪友等等，這些都讓孩子自己走，少讓別人抱著，另外可以和爸爸做一做騎馬、翻跟斗這樣的遊戲，對孩子的體格有幫助。

如果孩子能夠到鄉下去住一段時間，和其他孩子們一起抓抓蝴蝶，躲避狗的襲擊等，其實就能起到很好的訓練作用。

◆說謊的孩子

孩子從幼稚園回來衣服髒兮兮的，他解釋說自己剛剛和一條惡犬進行了搏鬥，然後繪聲繪影的說自己是怎麼打敗那隻像狼狗一樣兇猛的警犬的，你明明知道他在撒謊，需要揭穿嗎？

其實家長如果能夠理解，孩子說謊是為了討家人的歡心，另外也是為了不要受到責罰，就不會特別在意孩子的撒謊。

與其說「你在撒謊吧」，不如說「是嗎，快來洗手」然後該做什麼就做什麼。這樣做一方面是為了保護孩子的自尊心，另一方面也是要讓他知道，這樣撒謊並不會引起媽媽特別的關注，著名的兒童作家黑柳徹子的母親就是這樣做的。

還有一種情況下，孩子會撒謊，那就是逃避責任。比如說孩子打破了盤子，但硬說是小狗打破的，這樣做是因為之前他做錯事情承認之後，受到了嚴厲的責罰。

其實像打破東西、弄壞了藝術品之類的事情，發生在孩子身上一點也不奇怪，家長沒有必要大動肝火，這樣也會降低孩子說真話的勇氣。所以，當孩子做錯了事情撒謊的時候，媽媽可以說：「我知道真相。」讓他明白自己騙不了人，另外也和他商量解決問題的辦法，而不是發洩自己憤怒的情緒。

◆不愛去幼稚園的孩子

一個孩子痛哭流涕的坐在地上，喊著不清楚的話，而家長堅持要扯著孩子往前走，多半就是因為孩子不想上幼稚園。

其實，對於剛入幼稚園的孩子來說，他們需要時間去發現入學的樂趣，也需要時間認識新朋友，嘴裡說著不想去幼稚園的孩子很多，但只要父母多鼓勵幾句，告訴他可能會有新朋友，會有很有趣的事情，會學到很多東西回來給媽媽講，他們還是會勉為其難地去的。

但也有孩子說什麼都不想去幼稚園，那麼就需要媽媽耐心地問問他，如果媽媽在幼稚園陪他一會兒再走是否可以，或者是不是有其他原因。媽媽也要主動和老師溝通，當做尋常的感謝，然後問問孩子在學校的表現如何。

有的孩子因為人際壓力而害怕入學，例如同班個子較大的欺負他，或者老師教的東西他學不會等，或者學校餐廳做的飯菜她吃不完，因為剩飯而受到同學的嘲笑，這些原因都可能導致孩子厭學。

越是這樣的情況，越需要家長鼓勵孩子去上學。家長聽出孩子

是因爲心情不佳而不想上學的時候，要果斷地說「我送你去」，不要提出什麼交換條件，更不要說「我們知道你很小，很可憐」之類的降低孩子士氣的話。

如果孩子上了一個學期，也交不上什麼朋友，你任何時候去看望他，他總是孤零零地一個人，無精打采。那麼最好考慮在他回家之後，問問他是不是很難交到朋友，或者給他介紹一些同齡人一起玩，不要讓這種孤獨持續下去。

也有極少的受過高等教育的父母，把孩子接回家自己帶，自己安排課程，編寫教材。這樣做也不是不可以，只是對父母投入的精力有更高的要求，一般人可能應付不過來。等到孩子到了上小學的年紀，就必須接受國家規定的義務教育了。

能力的培養

◆培養自理的能力

四到五歲的孩子能自己完成多少生活小事，完全是因父母的態度和教育方法而定的。

一般來說，扣釦子、繫鞋帶、上廁所、洗臉、刷牙、洗手、在幼稚園自己領餐吃飯、看完書玩完玩具後放回原處、問候常見的長輩，這些事情五歲的孩子是可以做到的。

有的家長說：「我的寶寶才四歲多，這些還不會沒關係吧！」孩子肯定不能在五歲的一夜之間什麼都會了，任何事情都是慢慢訓練出來的。

也因此，急性子的媽媽在孩子學習自理生活的時候，就顯示出了性格的弊端，反而是那種有點漫不經心，不太著急的性格的父母，他們的孩子更容易學會新動作、自己照顧生活。這是因為，脾氣火爆或者心急的媽媽，看到孩子扣個釦子也要半天時間，不如自己三秒鐘幫他弄好算了。

這樣急躁是孩子成長中的大忌，媽媽雖然暫時省心了，但從長

遠來看，對孩子學習新事物是很不利的。

　　除了克制自己的脾氣之外，家長還要起好很好的帶頭作用，比如說飯前洗手，按時睡覺，經常微笑，樂觀開朗等等。孩子是模仿著父母長大的，從零歲到十八歲成人之前，父母任何時候都要儘量去樹立正面的榜樣作用。比如說愛看書的父母，通常能影響孩子愛看書；喜歡說髒話的父母，孩子的說話也不文雅；經常吵架的父母，孩子的脾氣比較古怪。父母無論何時都要明白，孩子正在看著你。

◆培養社交的能力

　　四到五歲的孩子通常都有自己的朋友了，可能是學校的同學，也可能是周圍的小夥伴。如果孩子的社交能力差，主要體現在兩方面：

在幼稚園裡沒有朋友

　　有的孩子進幼稚園兩三個月了，但還是沒有朋友，在班上總是孤零零一個人。通常這樣的孩子大多老實而又害羞，即使偶爾有機會別人找他們玩，他們也會很緊張，不知道怎麼辦才好，也因此而錯失了很多交朋友的機會。細心的媽媽們去幼稚園接小孩，就能看出他是否有朋友，如果總是孤零零一個人，媽媽們該怎麼做呢？

　　首先想一想，是不是自己的家庭問題。上面我們說過，家庭不和諧的孩子，通常不願意主動和別人認識，也總是不開心。如果真的有家庭問題，請年輕的父母們從孩子的角度來考慮應該如何對待。

然後看看是不是自己平時對孩子的肯定和鼓勵不夠。自信心不足的孩子也不願意認識新朋友，他們很膽小自卑，如果能在家裡得到贊許和肯定，他們會顯得有自信一些。

有的孩子可能在家裡、居住的社區裡面玩得很好，但是到了學校就像變了一個人一樣，既不活潑也沒有朋友，那麼可能就不是自信心的問題，而是在學校有什麼不愉快的事情發生。

只要孩子每天情緒很正常，也願意到學校去，那麼即使沒有朋友也不是什麼嚴重的事情。這裡家長需要有判斷力，即使老師告訴你說你的孩子不合群或者性格孤僻，但每天和他生活在一起並不覺得他有很明顯的孤僻傾向，就不要干預孩子的生活。

要知道，你建議他去交新朋友，他未必能做到。也許在我們看來很孤獨的生活，在他看來還不錯。只要讓孩子懂得基本的禮貌，對人不會謊話連篇，他是可以交到自己認為不錯的朋友的。

在居住的社區裡沒有朋友

很多人居住的社區有健身、休息的地方，在這裡大人們可以聊天，孩子們也可以交到新朋友。

如果你的孩子在有很多小孩的地方也沒有人請他一起玩，或者是一開始玩了一會兒就不願意和別人玩了，可能是因為孩子們之間鬧彆扭，或者他讓原本很快樂的遊戲變得不順利了。

有的媽媽很頭痛，自己從來沒有教過孩子打人、獨佔、不講道理，但是自己的孩子在和別人玩的時候，總是發現孩子身上有這些不好的習慣。

從大人的角度來說，這樣的孩子是道德品質不好，讓大人覺得很丟臉。但從孩子們看來，並沒有那麼嚴重，只是他們都沒有找到合適的方式解決問題，於是執拗於堅持自己的意見。

如果是社區的孩子和自己的孩子發生糾紛，父母們最好不要批評任何一方，而是從鼓勵大家解決問題的角度來提一些建議，讓孩子們自己解決。如果孩子前一天還和小夥伴打架，第二天就去找他們玩，家長也不要笑話他沒有骨氣。

四到五歲的孩子還很難有自覺性，主動謙讓對他們來說有一定的難度。

所以家長在和他們商量和別人交換東西的時候，要鼓勵孩子從對方的角度來思考問題。只要你的孩子不是髒話連篇、動手打人的那種，他們在正常的人際交往上面是沒有太大問題的。

如果家長自認為可以幫孩子交朋友，那麼最好的辦法是參與到孩子的遊戲當中，或者給孩子們講故事，成為他們的一員，而不是做他們的審判長。

發掘孩子的創造性

在美國學者的研究中，創造性兒童特徵主要有：

1. 常常專心致志的傾聽別人講話，愛仔細的觀看東西；

2. 愛追根究柢的瞭解事物的來龍去脈，有較強的好奇心；

3. 說話或作文時，常常使用類比和推斷；

4. 能較好地掌握閱讀、書寫和描繪事物的技能；

5. 喜歡對權威性的觀點提出疑問；

6. 常常能從乍一看互不相干的事物中找出相互間的聯繫；

7. 喜歡對事物的結果進行預測，並努力去證明自己預測的準確性；

8. 常常自覺或不自覺地運用實驗方式進行研究；

9. 常常將已知的事物和學到的理論重新進行概括；

10. 喜歡尋找所有的可能性，如解題時愛提出多種辦法；

11. 即使在干擾嚴重的環境中，仍能埋頭自己的研究，不太注意時間；

12. 喜歡自己決定學習或研究的課題。

當然，我們不能僅以某一方面的測定來確定兒童的創造性，但6歲以前確實是培養孩子創造能力的黃金階段。

許多兒童教育領域的研究者透過對學前兒童的繪畫音樂、故事、手工以及發散性思維測驗等的分析，研究幼兒創造力的萌芽表現和發展特點。例如給幼兒若干積木、木偶和常見工具，讓孩子們建造盡可能多的東西、做盡可能多的事情。他們認為3~5歲是創造性傾向發展較高時期，5歲以後是下降趨勢。

影響孩子的創造性的因素有很多，主要來說包括社會環境因素、學校教育方式、家庭教育方式和孩子自己的性格。

科學家是最具有創造性的一群人，很多人研究歷史上有傑出成就的科學家的成長，發現他們在家中有較多的獨立自主性。

他們的父母對自己的孩子有充分的信任和尊重，從小就給他們探索的自由，並對他們早期表現的興趣給予引導和鼓勵。生活在民主、自由的家庭中的兒童，獨立性強、創造力水準也較高。生活在專制、支配、嬌慣家庭中的兒童，依賴性強或慣於服從，創造力水準低。

　　更有學者強調，父子關係與兒童創造力水準高低有較高的正向關係，創造力高的兒童和父親接觸較多。也就是說，得到父親關愛足夠多的孩子，他們的創造性會更強一些。

家庭環境的支持

◆培養能力的親子小遊戲

很多父母在家和孩子大眼瞪小眼，感到無事可做。有的父母想要和孩子做遊戲，但是又不知道做什麼好。值得慶倖的是，有細心人專門整理了父母和幼兒做遊戲的親子遊戲書，爸爸媽媽可以去購買專門講做遊戲的書回家自己學。

不過，在購買的時候要注意一下操作性，隨手看看裡面的內容，我們在家能不能做到。因為有的國外引進過來的遊戲書，有一些器材在我們這裡不容易找到。最好是選擇那種能夠在家裡很容易做到的遊戲書。這裡也可以介紹一兩個培養孩子能力的小遊戲。

培養孩子的反應速度

爸爸媽媽和孩子站成一排，兩個人玩就站成面對面，然後輪流喊口令。比如「大西瓜」、「小西瓜」、「蘋果」、「鳳梨」等等，讓對方根據自己喊出來的口令比劃出形狀和大小。

這裡要注意的是，不要喊「梨」、「番茄」這種大小差不多的水果，也不要喊「香蕉」這樣的形狀不規則的水果。看看孩子的反應

能力。這樣玩了一組之後，還可以換過來玩反著做的遊戲，這時只能喊幾組，比如喊「大西瓜」，對方就要做「小西瓜」的動作，對方喊「向左走」，小孩就要做「向右走」的動作，訓練孩子的逆向思維和迅速反應的能力。

培養孩子的運算能力

有的五歲小孩已經能算簡單的加減法了，為了訓練孩子算數的能力，可以在玩「捉狼」的遊戲時，運用上簡單的數學加減法。例如一個人被狼抓到了，狼要出一個題目：「3+2」，被抓到的人馬上說出「5」，就可以繼續逃跑。

這裡只是列舉，還有很多的遊戲，等待這父母去創造和發現。

◆塑造性格的親子小遊戲

有的孩子性格很內向，其實沒有什麼不好。但是如果不敢表達自己的觀點，就會影響他的人際交往了。我們可以透過一些遊戲來改變孩子不敢說話的情況。

最簡單的是角色扮演的遊戲，如果家裡有很多故事書，選擇孩子最喜歡的故事，和他一起扮演裡面的角色。例如《猜猜我有多愛你》，一個扮演兔媽媽，一個扮演兔寶寶，兩個人按照故事的變化和情節來做動作、對臺詞。

另外還可以做加強肢體接觸的遊戲，比如寫好很多動作，比如「抱一抱」、「親一親」、「聞一聞」等等，然後讓孩子抽籤，抽中

了什麼就要做相應的動作，看看媽媽或者爸爸能不能猜出來。如果猜錯了就繼續做，直到猜出來為止。

如果可以的話，還可以報名去專門的親子遊戲的節目中參與節目，這會是一家人特別的回憶和體驗，也能讓孩子養成大方、活潑的性格。

Education:
Age 1-6
懷孕這檔事：
1-6歲聰明教養

需要注意的問題

◆可能發生的事故

4~5歲容易發生的事故是：

1. 交通事故

四到五歲的小孩能跑能跳，經常會躲在車底下面玩貓捉老鼠，如果駕駛人突然發動車子、倒車，就很容易引發悲劇。

現在幼稚園有專門的安全教育課，也會請交警來講一講交通安全和如何保護自己，如果父母得知有這樣的課程，最好不要讓孩子缺席。孩子回家後，和他一起複習在學校學到的內容。

另外社區的停車位附近，最好不要讓孩子去那裡玩耍。如果是住在鄰居較少的地方，家長要告訴孩子，不要鑽到車下面，也不要到路上玩耍。如果路上有較大的空紙箱，家長看到後要撿起來扔到一邊，防止調皮的孩子鑽進去被不知情的司機撞到。

2. 被動物咬傷

四到五歲的孩子很喜歡小動物，但是在抱動物或者和牠們玩耍的時候，下手不知輕重，如果做提著貓尾巴、從小狗的食盆中拿東西

等的動作，動物出於本能會反咬一口。

　　如果周圍有很多小寵物，父母要告訴孩子，不要嚇唬動物，也不要伸手去抓牠們，動物吃東西的時候不要去打擾等等。如果小孩意外被動物咬傷，不要驚慌，大聲哭泣會讓血液加快流動，最明智的辦法是迅速用肥皂清洗傷口，然後帶到醫院打疫苗。

3. 被開水燙傷

　　小孩喜歡玩水，又能自己按壓飲水機的時候是很危險的。比如鍋裡煮著東西，媽媽走開了，孩子可能想要看看鍋裡是什麼，就會伸手抓鍋把，這是非常危險的。

　　但凡是在燒開水的時候，媽媽們不要長時間離開，另外熱水瓶要放在比較安全的地方。

4. 從高處掉下

　　五歲左右的小孩喜歡往高處爬，哪怕是在兒童遊戲區裡，也還是很危險的。家裡有落地窗和開放式的陽臺，都要注意，不要讓孩子覺得在那裡格外好玩。

◆經常性發熱

　　由麻疹、水痘、流行性腮腺炎引起的發燒，是非得一次不可的，家長沒有必要大驚小怪。如果平均每個月發1次高燒，每次高燒都需要打退燒針才能好轉，就需要媽媽注意是不是孩子的身體不健康，或者去醫院做個常規的檢查。

常見的發燒是由於「扁桃腺發炎」、「感冒」、「腹瀉」之類的疾病引起的。這些病種類繁多，也沒有可預防的疫苗，有時候可能會體溫升高，但過一夜就能完全好了。

發燒的小孩最好放在家裡過一夜，如果第二天繼續發燒就及時送到醫院就診。

有人擔心發燒的孩子身體會很虛弱，其實隨著他年齡的增加，加上平時注意訓練，是不會對身體有很大的影響的。

◆腹瀉

四到五歲的孩子發生腹瀉的機率會比兩歲以內的幼兒低很多，而這個年齡階段的孩子腹瀉的可能病因有：感冒、吃壞東西、病毒感染等，由於起因不同，治療的方式和用藥也不能一概而論，家長不要根據判斷給孩子吃藥。

如果孩子的腹瀉次數較多，為了防止脫水，可以用溫鹽水給孩子喝，補充水分。腹瀉之後的小孩不要大量吃東西，最好少量飲食，以清淡為宜，讓腸胃慢慢適應。

◆哮喘

引起小兒哮喘的原因有很多，包括感冒、天氣變化、運動過度、勞累、某些食物及藥物、吸二手菸、油漆、油煙等。此外，小動

物的皮毛、室內塵蟎、黴菌、蟑螂、花草、花粉等，也是某些哮喘兒童的誘發因素。感冒引起的兒童哮喘最常見。

常聽人說「哮喘兒長大成人就好了，治不治無所謂」，這種誤傳使不少兒童錯過了治療的黃金時機。

雖然進入青春期後有一部分兒童哮喘可以完全緩解，甚至以後終生不再發作；但大部分兒童儘管青春期哮喘得到緩解，但成年後哮喘會再發；還有部分哮喘患兒即使到了青春期哮喘仍未緩解乃至持續終生。

40歲左右發病的哮喘患者，問起既往病史，大部分都說兒童時期有過哮喘。

青春期後神經內分泌功能基本成熟，特別是腎上腺皮質功能的正常使哮喘得以控制；隨環境條件改善，避免和過敏原的接觸；隨年齡增長及體格訓練增強了體質，同時也增強了身體抗感染及抗病能力。這些都可能不知不覺治好孩子的哮喘，但是小兒哮喘如果聽任不管，也容易引起下列併發症：

1. 肺氣腫和肺心病

大約10%左右的哮喘病人併發肺氣腫。

2. 呼吸驟停和呼吸衰竭

大多發生在病人已連續發病幾天後的用膳及咳嗽時，也可能在輕微活動後，發生這一嚴重併發症前，通常病情並不太重，也沒有什麼預兆。

呼吸衰竭的發生比呼吸驟停慢得多，多為哮喘持續狀態發展到

後期所併發，表現為神志的改變與明顯的紫紺，應緊急送往醫院救治。

3. 氣胸和縱隔氣腫

在哮喘發作時，由於小氣管的阻塞，咳嗽時使肺泡內壓力更高，此時某些較薄弱的肺泡就有破裂的可能，破裂的肺泡可以連接在一起形成肺大泡，也可能氣體順著肺間質跑到縱隔腔形成縱隔腔氣腫。較常見的情況是氣體跑到肺外的胸膜腔，造成氣胸。

4. 心律紊亂和休克

5. 胸廓畸形和肋骨骨折

主要見於自幼得哮喘的病人或長期發病者。

6. 生長發育遲緩

一般的哮喘對兒童的生長發育影響不大，可是哮喘終年發作或長期使用腎上腺皮質激素，就有可能因為缺氧或皮質激素的抑制蛋白合成等作用而對兒童的生長發育帶來較大影響。

小兒哮喘有時候也可能會變成心理上的疾病──孩子自認為自己有哮喘，所以特別需要別人的照顧，如果被刺激了就會故意顯得很嚇人，讓別人處處讓著他等等。這種心態其實是父母在照顧的過程中不斷強化而導致的，父母最好是能夠鼓勵他不要因為有哮喘而覺得自卑，該遊戲時還是可以遊戲，讓他覺得自己沒有問題。

◆流鼻血

每到秋冬季節，空氣特別乾燥，不論是成年人還是孩子，早上起床都會覺得鼻腔裡有血塊，這種情況不要緊。如果是晚上莫名其妙流鼻血，孩子沒有感到疼痛也沒有驚醒，這種情況也不是什麼嚴重的病症，只是還沒有科學可以解釋這種現象產生的原因。

第一次鼻出血時，最好找小兒科大夫看看。脫光孩子的衣服，仔細查看身上有沒有皮下出血的地方。如果是紫瘢或白血病的話，全身到處都容易出血。如果鄰近地區流行麻疹，孩子發燒和咳嗽時鼻出血，就可能是患麻疹的前兆。

如果沒有什麼其他症狀，這種鼻出血可以說沒有什麼關係。

流鼻血沒有什麼預防辦法。如果知道孩子吃了花生和巧克力之類的食物會流鼻血，就要限制他吃這類食品。吃水果可以幫助減少流鼻血。

一旦發生流鼻血後，有時會持續1個月左右，但用不著擔心。為了防止貧血，可讓孩子吃些肝臟、紫菜及魚等。

另外，有的孩子曬太陽的時候會流鼻血，這種症狀有遺傳性，爸爸媽媽不需要太過慌張。

◆抽搐

抽搐和驚厥是小兒神經內科常見的臨床症狀之一，抽搐是指全身或局部骨骼肌群異常的不自主收縮、抽動，常可引起關節運動和強制，驚厥表現的抽搐一般為全身性、對稱性，伴有或不伴有意識喪

失。

通常感冒發燒後，孩子會出現抽搐，這是常見的，家長不用緊張。如果孩子在不怎麼發燒的時候也有抽搐的症狀，家長最好帶去醫院檢查，因為有癲癇的可能。

有的孩子突然抽搐，也有可能是之前撞擊腦部所至，有的孩子撞傷了腦袋，但當時覺得不嚴重就沒有在意，可能過一兩天之後才有症狀。另外，如果孩子的腦子裡長了瘤，也會引起抽搐。

很多家長擔心孩子抽搐會導致以後智力、運動方面的障礙，簡單型的高熱驚厥對智力、學習、行為均無影響。

隨著年齡的增長和大腦發育逐步健全，一般不會再發生高熱驚厥。

◆嘔吐

嘔吐往往是由感冒、扁桃體炎、闌尾炎引起的。孩子突然嘔吐時，先摸摸他的額頭，看看有沒有發燒。頭熱、全身發燒時，是由發燒起的嘔吐。

發高燒嘔吐時，應去看醫生，嘔吐物最好能帶給醫生看。嘔吐後，讓孩子漱口，喝少量的水。如果孩子還是發燒，家裡有冰袋也可以放在孩子額頭上降溫。

如果嘔吐後神情沒有異常，仍然有氣力玩耍，則可能是吃得過飽的緣故。如果嘔吐後，孩子無精打采，昏昏欲睡，就讓他去睡一兩

個小時，看看能否緩解。

如果孩子不發燒，但是嘔吐，腹部劇痛，可能是腸阻塞。有時候咳嗽也會把吃下的東西倒吐出來，這類孩子可能胸內有積痰。

◆趴著睡覺

孩子趴著睡覺是很正常的，到了小學三四年級時自然就會仰臥睡了。不過看到孩子趴著睡覺，媽媽也要問問是不是覺得肚子不舒服。

◆出現群體感染疾病

上幼稚園的孩子難免會因為其他同學患傳染病而被感染，只要是能很快治癒的，家長不要怪學校，更不要報怨傳染源的孩子，讓同學之間難以相處。

孩子從幼稚園回來，先要洗手，從學校帶回來的東西，也沒有必要進行嚴格消毒，一般學校發現有傳染病的學生或者老師都會隔離處理。

如果是自己的孩子得了有傳染性的疾病，就主動跟老師說明，請假在家休息。

◆傳染病治癒後多久可以上幼稚園

普通的感冒、砂眼等，在孩子治癒後就能上學，如果是水痘，只要水痘不在水泡的狀態就可以上學了，如果是百日咳，需要休息1個月的時間。如果是結核病，需要聽取醫生的建議，但是如果過了傳染期也是可以上學的。

Education: Age 1 ~ 6

5歲到6歲

———— Education: Age 1 ~ 6 ————

懷孕這檔事：寶寶1～6歲聰明教養

發育情況

　　5~6歲的孩子身體發育已經逐步完善，隨著智力的進一步發育及對周圍事物的認識，其思維逐漸具體、形象、條理，且隨著記憶力及形象思維能力的增強，抽象邏輯思維能力也開始萌芽，其想像的內容越來越全面、連貫，繪畫時畫面內容符合邏輯。

　　在幼稚園裡可以參加團體競賽遊戲，能遵守遊戲規則，表現出合作的態度和一定的道德感、責任感。

　　其情感也越來越複雜，幾乎達到與成人相同的水準，並且願意與父母交流，來表達自己的情感。

　　這個時期的孩子還經常模仿大人的口氣說話，個性趨於複雜多元。這個年齡的孩子逐步明顯地表現出個人的特長、興趣愛好和性格傾向。對自己的行為能夠做出初步評價，並能在家長及幼稚園老師的指導下逐步掌握社會行為規範並受到其約束。

　　該階段孩子的體重、身高、頭圍及胸圍的正常參考值如下：

男童：

體重平均為18.70~19.70公斤

身高平均為109.9~113.1公分

頭圍平均為50.4~50.6公分

胸圍平均為53.8~54.6公分

女童：

體重平均為17.70~18.60公斤

身高平均為108.4~111.6公分

頭圍平均為49.4~49.6公分

胸圍平均為52.4~53.2公分

具備的本領

　　此時的寶寶視力正常的話，能區別斜線及垂直線和水平線；能將體積相同而重量不同的物體分辨開；部分兒童已能區別前天，後天、大前天、大後天的時間概念。

　　這一時期的兒童身體控制與平衡能力進一步發展，能單腿跳和退著走一段距離；會打活結，會繫鞋帶；能做出2、3、5、6、9等數字的肢體形狀。

　　言語能力上可以用各種詞彙，發音90％以上正確；能自己簡單表達自己的思想感情；能說出自己的生日，能從1數到10。能知道許多物品的用途及性能，穿鞋會分左右，能自己換衣服，也可以獨自步行到附近小朋友家或常去的地方了。

養育要點

◆寶寶的飲食

5~6歲寶寶應進一步增加米、麵等熱量食物的攝入量，各種食物都可選用，但仍不宜多食刺激性食物。滿5歲時，寶寶量每日每公斤體重需熱量90千卡，雖然此時膳食可以和成人基本相同，但營養供給量仍相對較高。

對寶寶的日常膳食安排，應注意營養素的均衡，維持熱量及各種營養素的攝入量。葷素要搭配，米麵要交替，種類要多樣。還要注意培養良好的飲食習慣，糾正挑食、偏食及吃零食的壞習慣。

6歲左右孩子開始換牙，所以仍要注意鈣與其他礦物質的補充，可繼續在早餐及睡前讓孩子喝牛奶。在不影響營養攝入的前提下，可以讓孩子有挑選食物的自由。

此外，仍應繼續培養孩子形成良好的飲食習慣，講究飲食衛生，與成人用餐時不需家長照顧等好習慣，不要讓孩子養成一邊看電視一邊吃飯的壞習慣。

◆寶寶的零食

很多爸爸媽媽都在為怎樣控制孩子的零食而煩惱，不想給孩子吃吧，可又承受不了寶寶的眼淚攻勢，那要怎樣控制孩子吃零食的習慣呢？

不要因為寵孩子而縱容孩子吃零食

有些媽媽雖然知道零食的危害，但是受不了孩子的眼淚攻勢，一味地遷就孩子吃零食，這就是媽媽本身的問題了。其實媽媽只要稍微想想辦法就能有效的控制孩子吃零食了。比如，把零食藏在孩子看不到的地方，在給孩子零食的時候，只拿出要給孩子吃的一部分，孩子吃完看到沒有了也就會善罷甘休了。

不要用零食作為孩子的獎品

一些爸爸媽媽把零食作為鼓勵孩子做事情的獎品，比如「你今天在幼稚園表現好的話，放學的時候媽媽給你買一個霜淇淋」，這是很多爸爸媽媽鼓勵或是「引誘」孩子的辦法。這種辦法雖然很管用，但是並不提倡，因為這樣容易使孩子養成被動、消極的做事習慣。

孩子的飯菜要有吸引力

很多孩子吃零食是因為正餐時吃不飽，一般都是由於飯菜沒有吸引力造成的。如果飯菜外觀不漂亮，口感不好，孩子就失去吃飯的興趣。為了吸引孩子吃飯的興趣，媽媽可以給飯菜起一些有趣的名字，或者把飯菜做成有趣的形狀來吸引孩子。孩子正餐吃飽了，對零

食的興趣自然也就降低了。

家庭成員要保持一致的原則

針對孩子吃零食的問題，家庭成員之間應該保持一致的原則，一些爺爺奶奶比較寵孩子，只要是孩子想吃就給買，久而久之，孩子吃零食的要求在爸爸媽媽處得不到滿足就會轉向爺爺奶奶，這樣孩子吃零食的習慣就得不到很好的控制。

以身作則

很多爸爸媽媽就有吃零食的習慣，自然孩子看到後也會要吃。因此一些愛好零食的爸爸媽媽要適當的控制下自己，以身作則，為孩子樹立一個好的榜樣。如果實在沒辦法改掉吃零食的習慣，也不要當著孩子的面吃，以免給孩子樹立一個壞榜樣。

◆晚上的入睡

五到六歲的孩子已經能夠自覺地入睡了，不需要父母過多地陪和哄，但是這並不表示父母就可以完全不管了。孩子入睡之後，偶爾也去看看是否發燒、是否磨牙、打呼嚕等。

如果這個時期的孩子晚上磨牙，有可能是白天興奮所至，也有可能是蛔蟲病。

如果小孩睡眠打呼嚴重，常常是因為腺樣體肥大、扁桃體肥大。腺樣體也叫咽扁桃體或增殖體，位於鼻子後面、口腔上部，屬於淋巴組織，呈橘瓣樣。

腺樣體和扁桃體一樣，出生後隨著年齡的增長而逐漸長大，4~6歲時為增殖最旺盛的時期，青春期以後逐漸萎縮。當上呼吸道感染時，腺樣體可發炎增大。

在兒童時期，由於反覆的上呼吸道感染或其他的原因使腺樣體慢性發炎，就會增生肥大，我們稱它為腺樣體肥大。人在睡覺時主要是靠鼻子呼吸，當鼻咽部通氣的徑路受到阻塞時就會出現打鼾現象。

孩子如果患有腺樣體肥大、扁桃體肥大，就會影響鼻咽部通氣，造成打鼾，這種幼童即使在白天非睡眠情況下也有鼻塞，張口呼吸的現象。

◆左撇子寫字

用左手的兒童叫左撇子，或稱為左利者，是生理因素造成，由於其右半腦佔有優勢負責指揮，主宰整個大腦之故。

通常在兩歲前，人類的大腦單邊優勢還未充分建立，這個時期小孩子左右手都可以使用，幾乎到三歲左右（慢的話到五到六歲，甚至有的更慢到八到九歲）就會建立起大腦的單邊優勢。

在還沒建立起單邊優勢前，強迫左撇子改成右手，會帶來不少困擾，因為原來他正要逐漸地發展成熟到以左手（右半腦）為主宰，這時如要求他改用右手來操作事物，其身體的訊息就必須先透過左半腦，然後再傳達到右半腦，這個過程中除了會造成思維上的混亂，以及次序、方向、條理不清之外，還會造成心理（情緒）上的影響，譬

如不安、焦躁、困惑，甚或口吃、尿床等現象，所以就生理醫學來講，我們是鼓勵左撇子用左手，不必去改的。

有的人說左撇子的孩子更聰明，這與右腦的訓練有關，如果本來不是左撇子，也沒有必要專門將孩子訓練成左撇子。很多孩子小時候能兩隻手兼顧吃飯、寫字，家長不必太在意。

◆不安靜的孩子

好動是很多家長頭疼的一個問題，從兩歲到七歲之間都有，而五到六歲的時候是「高發」的階段，他們喜歡在上課的時候摸摸這裡，看看那裡，讓他們像小貓一樣安靜地坐在椅子上是一件很困難的事情。

如果孩子總是動來動去不安靜，有時候大喊大叫，破壞了老師講課的秩序或者是家長的心情，往往會受到斥責。其實這樣對他們來說是很委屈的，孩子只要在正常的生活中一切都沒有異樣，只是聽課或者挨罵的時候，忍不住動一動，是很正常的現象。

如果父母和老師都把這個孩子當成過動症要去看醫生，或者是被稱為「壞孩子」，這會損害孩子的自尊心。

如果孩子喜歡拉大嗓門哭喊，偶爾一次家長不用在意。孩子哭得很盡興，過了之後就忘了。那種隱忍著眼淚撲撲往下掉的孩子，其實更容易有心理上的一些問題，因為那不符合他們的年紀。

如果孩子住在公寓，因為哭喊會打擾周圍鄰居，家長最好在孩

子安靜之後，帶著他去向鄰居道歉，這樣會讓他以後有自覺性。

最壞的做法就是家長大聲呵斥和打罵孩子。

◆不聽話的孩子

怎樣的孩子算「不聽話」呢？可能每個家長的尺度不一樣，能夠容忍的孩子的行爲也就不一樣。

在環境寬鬆的家庭裡面，孩子不想吃飯就不吃，等餓了再吃也可以；但是在作息規律嚴格的家庭，如果孩子不按時吃飯就會被當成不聽話。

有的父母樂於看到孩子有自己的見解，鼓勵孩子有自己的想法和父母交談，而有的父母不希望孩子從小就「頂撞」長輩，對孩子各方面的要求都格外嚴。

在生活上，比如說孩子喜歡穿一兩件衣服，喜歡在睡覺前喝果汁，喜歡把湯倒到飯裡一起吃，這些無傷大雅的喜好都不能看做是不聽話。

如果父母帶著孩子外出的時候，孩子一定要一樣東西，不買就不走，甚至賴在地上大哭大鬧，弄的父母很尷尬，那麼是不是也就代表孩子不聽話呢？

這樣的孩子，肯定不是突然這樣的，在出門逛街之前的日子裡，他一定是認爲哭鬧對解決問題有幫助，有什麼很小的事情，他哭過之後父母滿足了他，他才會故伎重演。

孩子的很多問題都是慢慢積累出來，父母不要等到問題暴露了再發火，而是要防患於未然，不要讓孩子養成蠻橫的性格。

　　那麼孩子用哭鬧來和父母抗議的時候，父母應該怎麼辦呢？這要視當時的情況而定。如果父母錯怪了孩子，要馬上道歉，不要讓孩子覺得不公平、很委屈；如果孩子是真的不講道理，父母最好不要遷就他，先不要理他，讓他冷靜下來，再說說自己的想法，這樣的效果更好。

　　就算孩子的性格很倔強，家長也沒有必要總是因為性格問題而責罵他。孩子一般到了高年級，就會慢慢懂事了，家長要多給孩子一些耐心和關愛。

◆體弱多病的孩子

　　孩子是否體弱多病，不是看他的身高體重，而是看他的身體狀況和精神狀況。很多非常瘦的小男孩，精力很旺盛，身體靈活，完全沒有必要當成體弱的孩子來格外呵護；有的孩子長得像「小胖子」，但是經常感冒，身體很虛，其實也屬於體弱的範疇。

　　如果孩子突然消瘦，精神狀態也不好，那麼可能是患病的表現，家長要帶他去醫院檢查。如果孩子突然長胖，也要注意是不是營養上的問題，或者是內臟的病變。

　　有的孩子從小就是個「藥罐子」，可能與早產、母親在孕期接觸了有毒的物質有關，這時候需要父母多帶他到戶外運動，而不是四

處求醫問藥。

　　父母的精神狀況和對孩子的態度，對孩子的影響有著超乎我們想像的作用。也正因爲如此，如果我們總是肯定孩子，多對孩子微笑和鼓勵，孩子會在潛意識中把自己當成一個健康聰明的人來對待；如果我們總是傳達「你身體不好，需要格外注意」這樣的資訊，孩子也會預設自己是比常人嬌弱的。而嬌弱的孩子在以後的社交中會有很多問題，家長那時候就很難糾正了。

◆對性別形成清晰的認知

　　五到六歲的孩子可能對自己的性別還沒有很清楚的認識，很多幼稚園男孩女孩都一起學游泳，大家都光著身體也不會覺得不好意思，但是隨著年齡的增大，加上現在媒體中的資訊也有很多性暗示，家長需要注意對孩子的性別教育，對男孩和女孩採取不同的教育方式。

　　首先是知道自己是什麼樣的性別，而且對異性有一定的認知。這裡的有性別意識，和青春期之後的性別意識是不一樣的，家不用講很多生理上的區別等，只需要告訴他「你是男孩」、「你是女孩」，同時也知道陌生人的性別就可以了。

　　很多家長覺得自己的兒子有點膽小害羞，像女孩一樣，而女孩的個性又太野，和男孩子差不多，這時候該不該要求他們「男孩要有男孩的樣子」呢？其實，這種要求不是透過語言這種管道來完成的，

而是透過父母雙方的示範實現的。

　　孩子可以從父母身上感受到男女的區別，男孩會趨向於模仿父親，而女孩則喜歡模仿母親和姐姐。

　　如果是單親家庭的孩子，家長則更需要用心。在沒有父親的家庭裡，家長最好能幫孩子找更多的男性朋友，如果有父親形象的替代者，則更好。父親對孩子的邏輯思維、性格和智商都有很重要的影響作用。

　　如果家裡沒有母親，父親需要對女兒溫柔一些，另外注意他們的一日三餐和學習。到了六歲以後，就不要再把孩子當成沒有性別的天使來看待，而是要用言語和行動來暗示他們，哪些事情不該做，哪些行為可以保護自己。

　　如果家長擔心女孩在學校受欺負，可以告訴她，衣服遮住了的地方不要讓別人碰，除非是醫生檢查。

入學前的準備

◆物質上的準備

在孩子進入小學前，會收到學校的通知書，一般上面都會羅列上學需要準備的物品。比如文具、餐具。

孩子上學是人生中很重要的一件事情，家長有必要做準備，但是也不用什麼都買最好的，還特地告訴孩子他的書包是從美國買的，比全班同學的都好等等，這樣容易滋長孩子的攀比心理。

在購買文具的時候，最好能夠和孩子一起去選擇，尊重他的愛好，這樣也可以增加他學習的興趣。

◆心理上的準備

有的孩子以為上小學還和幼稚園一樣，但是去了之後發現很多地方不同，比如說要求更嚴格、開始寫作業，往往會需要一段時間準備。

家長可以在孩子入學之前，帶孩子去將要念書的地方看一看，

另外聊一聊小學的事情，並且帶著讚賞的口氣說他已經長大了，父母覺得很高興等等，這樣他上小學時自信心會強一些，也會渴望成為一名小學生。

　　家長要注意的是，決不能拿上小學來嚇唬孩子。但是很多家長常說「你再不聽話，就告訴你們老師。」「學校的老師會處罰你的。」這樣說會讓孩子內心產生排斥感，在上學的時候不敢發揮自己的想像力，變成完全聽老師話的「小綿羊」。

◆對上學有抵觸情緒的孩子

　　如果家長發現孩子對上學有抵觸的情緒，聽到上學就會很煩躁，甚至哭鬧不肯上學，那麼就要考慮是不是因為他聽說了上學的不好的事情產生恐懼心理，或者是擔心自己被父母拋棄等等。

　　孩子到了六歲，完全可以表達自己的想法，家長只要讓他講一講道理，並且承諾幫助他打消顧慮，孩子都會講實話。

　　家長不要用打罵的方式要孩子上學，更不要說「我們辛辛苦苦就是為了讓你上學」這樣的話，這些都不能幫助他消減抵觸的情緒。

　　如果有機會，家長還可以帶著孩子去看一看希望小學的宣傳片，讓他知道讀書上學是一件很值得珍惜的事情，同時也用他的名義去幫助同齡人上學讀書，或者是捐出自己的書給貧困地區的孩子，這些方式能對孩子的心靈起到激勵的作用。

◆不愛與人互動的孩子

當一個人用很友善的語氣和孩子對話，說的內容孩子也完全能聽懂，但是孩子卻毫無反應或者走開的時候，可能是因為對方比驕傲陌生，讓孩子有不安全的感覺。如果不論對誰，孩子都表現出不理睬的情況，則可能是因為孩子的性格不愛與人交流。

只要孩子能夠應付日常的生活，在學習上也沒有障礙，能夠表達自己的想法，即使不像同齡人那樣愛說愛笑，也不要緊。

每個人都有自己的性格，那些安靜的孩子可能喜歡自己一個人研究一些有趣的事情，或者覺得一個人的時候更自在，家長就不要強迫他去認識新朋友或者改變這種性格，那只會給雙方造成痛苦。

如果孩子連平常的交流都不願意，可能是心理上有障礙。會不會因為他之前的說話被父母忽視，或者他在別人面前沒有說話的機會，或者是受了什麼委屈。

大人往往以為孩子心裡面不會有什麼事情，就對孩子賭氣的行為毫不理睬，這樣也不太好。有的孩子比較早熟，他們對別人的態度很敏感，也許只是一句很普通的話，也會讓他覺得自己不受關愛。「我再也不對你們說了」，有的孩子有超出成年人想像的恒心，所以大人對待小孩的時候，也要尊重第一，不要總是否定他的想法。

另外很多家長喜歡幫孩子回答問題。親戚朋友們見面了，難免會問問小孩「今年多大了」，「要去哪個小學念書」，「有沒有認識

的朋友等等」，如果家長總是搶了孩子的話，替他回答，也會讓孩子有種缺乏自信的感覺，慢慢就不愛說話了，等著父母來替他發言。所以父母不要著急替孩子回答，即使他說得不好，也要讓他說。

◆好動的孩子

好動的孩子和不安靜的孩子不完全一樣，好動的孩子只是不停地動來動去，但不喊叫。這比不安靜的孩子要好多了。

其實，好動的孩子更有創造性和探索精神，他們更容易注意到變化，也給人健康活潑的印象，家長不要對孩子的「好動」反感。

從成年人的心理來說，如果你越是注意孩子不安靜，就越是會覺得他真的一點都不安靜。而且如果家長情緒不安、煩躁，更容易引起孩子的過動，形成負面的影響。

如果孩子的注意力不能集中，精神渙散，那麼父母可以做一些培養注意力的遊戲，最簡單的就是「木頭人」，父母也可以研究創造一些類似的遊戲玩。

如果你的孩子回家報怨有的小朋友總是喜歡動來動去，或者你認識的小孩有過動的跡象，要鼓勵孩子接納那樣的人，不要和別人一樣排斥過動的孩子。

◆需要克服的壞習慣

入學之前，孩子需要克服的主要是生活習慣。例如賴床、繞頭髮、咬指甲、挖鼻子、咬衣服等。家長一看到這些動作，就會批評他們，不停地念叨讓他不要這麼做，實際上這會起反作用，寶寶不是故意要讓你煩，這類習慣是他們應對緊張情緒的一種方式。

只從負面關注孩子的這種習慣，會讓他更緊張，也更不容易讓他改正壞習慣。

相反，你應該以一種更不經意的方式跟他談一談。協助孩子把這種習慣指出來，並告訴他不要這樣做的合理原因，注意你的理由一定要簡單明瞭，能讓6歲的孩子聽懂。如「咬指甲會感染，可能會很疼。」，或者「你的頭髮已經留了很長時間了，如果你繼續揪頭髮，我們也許就得給你剪掉了，因為這個習慣太不文雅了。」

你可以讓孩子幫你一起想辦法來改掉他的壞習慣。例如，當他咬衣服的時候，不妨約定以祕密的眨眼或手勢來提醒他。還可以給他一些獎勵來進一步幫他改正：如果他能一個月不咬他的衣服，你就給他買一件他一直想要的運動衫。

隨著孩子漸漸長大並學會其他處理焦慮的方法後，大部分這些不讓人喜歡的習慣都會消失。同伴的壓力也會有幫助，很多孩子都不喜歡自己的同學摳鼻孔。

◆家長要做好的配合工作

給家長的10條建議

1. 儘量表揚孩子，讓孩子每天都感覺到他在學習上取得了進步。

2. 多關心孩子的學習內容和實際進步程度，多詢問孩子最近學了什麼，掌握得如何等。

3. 經常給孩子制訂幾個容易達到的小目標。

4. 刺激孩子的學習慾望，抓住生活中的各種機會讓孩子學習。

5. 幫助孩子樹立責任心。讓孩子學會洗碗、洗手帕等，盡到他的責任。

6. 在孩子面前做表率。

7. 儘量不要在孩子面前議論老師，尤其不要在孩子面前貶低老師。

8. 定下家庭學習規範，並自始至終嚴格執行，讓孩子養成良好的學習習慣和作息習慣。

9. 引導孩子善於提出問題，培養孩子多問一個「為什麼」。

10. 要使孩子重視上學，儘量避免缺課。

能力的培養

◆培養自理的能力

五到六歲的孩子，已經進入學習的另一個重要階段了——那就是適應社會、學習知識、開始獨立的階段。

上學之後的孩子會面臨很多問題，比如老師交代的作業、學習新的東西、接受考試、同學之間可能已經有了比較的意識、自己在學校的關係等等。

如果家長很忙碌沒有時間管孩子，這時候他們會自己安排時間，決定什麼事情先做什麼事情後做，對朋友採取什麼樣的態度等等，其實他們都可以做到。

但是有的家長總覺得需要提醒孩子，該做作業了，該休息了，該⋯⋯這樣是在幫助孩子養成不好的習慣。即使孩子有一次沒有做作業，家長也知道，但是克制自己不去提醒他，讓他為自己的偷懶和疏忽吃點苦頭，下一次父母再在適當的時機提醒一下：「上次你忘了做作業⋯⋯」這樣孩子就能自覺地安排自己的生活了。

孩子上小學之後，接觸外面世界的機會越來越多，認識的人和

看到事情也會越來越多，家長要做好安全教育工作，這也是孩子自理生活能力培養的一部分。

◆培養社交的能力

小學生的社交能力主要是在日常生活中得來的，他們不會和成年人一樣有意識地去學習社交禮儀、社交技巧等。

所以家長一方面要做好正確的示範，對他人講禮貌、用尊重的語氣對話，另一方面可以鼓勵孩子和比自己年長的人、和自己同齡的人、比自己年幼的人建立友誼。

和長輩做朋友

和長輩做朋友，孩子可以得到更多的關愛和指導，如果附近的公園中有很多年老的人去健身，可以帶著孩子去那裡，很自然地認識一些長輩。

和同齡人做朋友

家長可以趁給孩子辦生日聚會的時候，鼓勵孩子邀請一些朋友到家裡來玩。如果孩子們把家裡弄得很亂，最明智的做法就是鼓勵孩子們一起收拾好。這樣做可以讓孩子們在勞動中增進友情，也可以培養孩子們的責任心、協作能力，同時不會有只有一個人收拾的鬱悶情況。如果孩子和同齡人鬧了彆扭，家長不瞭解情況就不要做判斷，讓孩子們自己去解決問題。

和比自己小的人做朋友

和比自己小的人做朋友，可以讓孩子知道照顧小孩的感受，懂得謙讓和幫助別人，也可以讓他在幫助、指導別人的過程中得到滿足感和成就感。鼓勵孩子和更小的小孩玩耍，對孩子來說是一件很有積極意義的事情。

◆發掘孩子的創造性

五到六歲的孩子創造性很活躍了，如果這個時期他們表現出對某一方面感興趣，那麼家長要盡可能提供機會讓他們去瞭解自己的興趣點，知道自己有沒有這方面的特長。著名的昆蟲學家法布林，就是從小開始觀察昆蟲，最後寫成了《昆蟲記》這樣的著作的。

如果孩子的興趣很廣但是沒有持續，家長也不必太著急，他正在尋找適合自己的東西，不適合的東西不如儘早地放棄。

如果家長只是爲了訓練孩子的協調性和左右腦而給孩子上鋼琴才藝班，那麼就不要抱著興許他是鋼琴神童的想法去強迫他學習。一個孩子有了健康的身體，積極樂觀的性格和禮貌的教養，他學什麼都還來得及。

◆技能才藝的訓練

很多家長希望孩子可以早早學芭蕾、鋼琴、體操，並且成爲這一行中最優秀的人才。家長可以培養孩子的多方面的興趣，但切忌過

早給他一個職業化的定向。

　　培養孩子的兩個方向，第一是把喜歡的事情變成事業，第二是不遺餘力的投資教育。孩子選擇了五六樣樂器，可能到第七樣他才真正感興趣，當孩子不喜歡的時候，家長不要過分要求，當孩子對某樣東西有了興趣，他就願意主動去學習，不用家長督促。

　　不要指望給孩子報個什麼才藝班，他將來就真能成為這方面的大師。職業化的人才不是培養出來的，而是靠悟性，真正的大師都是有這個天分。比如說玩音樂的孩子，他有音樂方面的靈性和悟性，家長不用刻意培養他也能發揮他天生的這種才能。

　　很多教育家都認為，幸運的人是跟天分學到一塊兒了，不幸運的人是把非天性的東西錯誤培養了。

家庭環境的支持

◆給孩子展現活力的空間

要想發現孩子的天賦和創造性，就必須有舒適輕鬆的家庭環境。這裡不用列舉出怎樣的環境才是舒適輕鬆的，但是可以知道怎樣的環境是不舒適輕鬆的。正如法律一樣，不是告訴人們可以做什麼，而是告訴人民不可以做什麼——除了這些之外，你什麼都可以做。

寬容的家庭環境不會因為孩子說出自己的奇怪的想法，而覺得他很異類；不會因為孩子寫的字沒有印刷品那麼整潔而挨罵；不會要求孩子做自己特別不願意做的事情，不會強迫孩子學習藝術、吃不喜歡的東西，不會禁止孩子帶自己的朋友回家……很多事情，父母都可以用換位思考的方法來作出判斷，孩子對尊重和理解的渴望，和我們成年人一樣強烈。

但是寬鬆的家庭環境並不是沒有教養的家庭，孩子說髒話、罵人、拿別人的東西肯定是不能允許的。

這裡說的給孩子一個展現活力的平臺，就是接納孩子超出你期待的部分，例如他的性格沒有你想的那麼開朗，他的語速和語調有時

候顯得不聰明，他做事情的時候會有點磨蹭，他忘記了自己該做的事情（例如做作業），這時候家長要懂得給他一個空間，去展示自己的優勢和劣勢，並且為此付出一些代價。

如果孩子喜歡唱歌跳舞，即使你希望她是一位淑女，你還是應該鼓勵她去唱歌舞蹈。有的孩子的活力就是體現在運動上，而有的孩子的活力體現在想像上。他們浮想聯翩，有時候問一些奇怪的問題，那也是在展示他們的活力。

◆教孩子正確使用語言

如果孩子到了六歲，還不能完整的說話，不能準確的發音，除非是先天性的問題，否則就是父母在之前的教育中的失職。

其實孩子在成長中表現出來的很多問題都是如此，比如十幾歲的時候開始盜竊，那麼問題肯定在更小的時候就已經有了，只是到了十幾歲的時候才表現出來，所以教育孩子最重要的時期就是幼兒期。回到語言的問題上，孩子不能使用正確的語言，該怎麼辦？

如果是語法和邏輯錯誤

那麼可能與孩子的閱讀量、理解力有關。這樣的孩子，父母更應該給他們念一念故事書，講一講有趣的事情。孩子在理解故事的時候，還可以提問：「你覺得他做得怎麼樣」、「如果是你你會怎樣做」等等，如果是嚴肅而優美的作品，則不宜中途打斷。

孩子聽得多了，看得多了，自然就能糾正自己的說法。

如果是發音不明確

有的孩子會出現階段性的發音不清楚的問題，這時候父母要多一些耐心，不要總是強調他發音不準確，那樣會造成孩子的緊張情緒。如果孩子有大舌頭，可以去醫院做一個小手術，很快就能糾正。父母在說話的時候，也要注意發音和咬字的問題。

如果是孩子說髒話

孩子說髒話是家長最頭痛的問題，而且一般都會用打孩子來解決。其實，六歲的孩子對父母的表現是很敏感的，有一個小男孩對自己的妹妹說了髒話，他只是發洩一下自己的情緒，並不是這話的意思，他的家長是怎麼做的？媽媽把他拉出門外，對他說：「我很遺憾，我沒有教育好你，讓你說了這種令自己羞愧的話。」那個孩子說：「我是和同學學的，他就是這麼對妹妹說話的。」這時候媽媽說：「那個人不應該這樣對妹妹說話的，他可能自己都不知道這句話的意思。這是很不好的語言，以後不要在我們家出現，我們誰都不許說，好嗎？」這段對話的過程中，媽媽一直用很嚴肅但是很平靜的語氣在和孩子對話，孩子意識到自己做錯了，馬上回去向妹妹道歉：「我剛才說了不好的話，很抱歉，我以後不會再說了。」無論是小男孩還是年齡更小的妹妹，都學到了人生中很重要的一課。

當孩子出現罵人的情況時，家長不要只顧著發洩自己失望、憤怒的情緒，而要告訴他，這樣做不好，不要再這樣了。

如果孩子的朋友中有一些喜歡說髒話，那麼媽媽最好提醒孩子，不要學別人不好的方面，讓孩子明白是非對錯。

需要注意的問題

◆可能出現的事故

5~6歲可能出現的事故是：

1. 從高處摔下來

比如從學校的秋千上，從高低杠上面，孩子能爬得越高，就越是容易摔得很重。家長要告誡孩子，少去高的地方，玩耍的時候要照顧好自己的朋友，這樣才能一直快樂的玩下去。

2. 內臟受損

由於孩子喜歡蹦蹦跳跳，難免會被撞到。當時可能覺得不要緊，但過後會肚子疼、沒氣力，感覺不舒服等等。更可怕的是，有些內傷在外面完全看不出症狀來，只有等到嚴重了才會有表現，而那時候已經錯過了最好的時機。因此，家長得知孩子摔倒或者被撞了之後，最好從外面按一按孩子的內臟，問問孩子有沒有異樣的感覺。有問題的時候要馬上送到醫院就醫。

◆尿床

孩子到了五到六歲，夜間還頻繁尿床，父母一定會很無奈──是不是生了什麼病？孩子上的學校要寄宿怎麼辦？

我們可以從瞭解孩子尿床的原因找辦法。小孩的神經系統的發育從胎兒到出生之後是一個連貫的過程。有些神經反射是先天已經發育完成的，比如餓了要吃、不舒服了要哭。但排尿的反射，需要成千上萬次的訓練才可以達到完善。

一般來說，孩子在3歲的時候可以基本完成排尿反射的建立，但是這種反射仍然需要鞏固。比如小孩子很容易短時間將注意力集中在一件事情上，就會出現暫時忽視這種排尿訊號的刺激；再比如，小孩子在哭得厲害的時候，也容易出現尿褲子的現象。

到了5歲以後，排尿反射就應該已經相當健全了。要是5歲以上的小孩還頻繁出現夜晚尿床、白天尿褲子的現象就可能存在一些問題了，大致上包括以下幾種因素。

遺傳

有國外資料和資料顯示，74%的男孩和58%的女孩，他們的父母雙方或其中一方有遺尿的歷史。所以，父母可以回想一下是否自己也有過遺尿的經歷。

睡前喝水過多或白天喝水太少

晚飯喝了很多粥，或者是吃太鹹了，喝很多水，就特別容易造

懷孕這檔事：
1-6歲聰明教養

成尿多、尿床。白天喝水太少，尤其是女孩，尿液中的代謝物就會比較濃，表現出來就是尿黃的現象。但其中濃縮的代謝物殘留在尿道，對尿道口就是一個刺激。夜間這種刺激就會使得孩子不自覺地尿尿。

夢境

很多人都覺得自己好像是做了一個夢，夢見上廁所，於是就尿床了。因為這種原因而尿床的人也只是偶爾為之，家長不必在意。睡覺的時候孩子的腳露到被子外面，感到的涼，會刺激想要尿尿；孩子在睡覺，家長在洗澡，睡夢中孩子聽見水聲也是一種刺激，下雨天也一樣。

排尿反射沒有建立好

有的孩子從小穿紙尿褲、開襠褲，家長就容易疏忽孩子排尿反射的訓練。孩子的神經系統沒有建立起自覺的排尿反射，不能把排尿和尿盆或廁所聯繫在一起，也就不能很好地控制自己的身體。

心理因素

父母吵架、親人病逝、長時間與父母分離、搬家、上學、受到驚嚇等等因素都可能導致孩子遺尿。而孩子尿了床之後，家長的責備、無意的嘲諷也會給孩子造成嚴重的心理負擔，給他壓力，更加緊張，越緊張越尿床。而心理因素甚至會使已有控制排尿能力的孩子發生遺尿，給孩子的心理和身體都造成傷害。

如果孩子沒有建立好排尿反射，要耐心繼續幫助孩子訓練控制自己的排尿習慣。夜間孩子入睡後3小時，叫他起床上廁所。使起床排尿和膀胱充盈的刺激聯繫起來，訓練一段時間，孩子就能自行被尿

意刺激喚醒了。同時，把喝水的時間集中在白天、晚飯前。晚飯後少吃甜食和高蛋白飲料，避免口渴。能吃些水果。避免白天過度勞累。中午睡一覺，可以使孩子不那麼疲勞，而臨睡前必定叫孩子上廁所。

另外，對於尿床的孩子，一定要用寬容和愛護的心態對待。千萬不要責備、打罵或者嘲笑他們。父母首先要幫助孩子平復心中的壓力和負擔，然後耐心地和孩子一起面對和調整。父母不要把孩子尿床的事情當成笑話講給別人聽，這樣孩子的心理負擔會更重。

◆暈車

暈車與耳朵中有平衡功能的前庭器官的興奮性有很大關係。如果行駛中的車輛顛簸得厲害，就有可能導致寶寶前庭器官興奮性增高，引起寶寶暈車。

一般來說，小孩的症狀比大人嚴重，也更為普遍。因為4歲以前，孩子的前庭功能正處在發育階段，4歲後不斷趨於完善，16歲完全發育成熟。隨著前庭功能的逐步完善，孩子暈車的症狀會越來越輕，以至消失。

為加強前庭功能的訓練，增強寶寶的平衡能力，可以抱著寶寶原地慢慢地旋轉。稍大的孩子，可以帶他們蕩秋千、跳繩、做廣播體操。

在父母的扶持下，讓孩子走高度不高的平衡木。

教會孩子沿著地上的細繩行走，身體儘量不要晃動。

乘車前，不要讓寶寶吃得太飽、太油膩，也不要讓寶寶饑餓時乘車。

上車前，暈車厲害的孩子，最好口服暈車藥，劑量一定要小。

帶孩子乘車應儘量選擇靠前顛簸小的位置，以減輕震動感。打開車窗，讓空氣流通。

孩子暈車時，媽媽可以用力適當地按壓寶寶的合穀穴。合穀穴在寶寶大拇指和食指中間的虎口處。用大拇指掐壓內關穴也可以減輕寶寶的暈車症狀。內關穴在腕關節掌側，腕橫紋正中上2寸，即腕橫紋上約兩橫指處，在兩筋之間。

◆心音異常

如果一直是很健康的孩子，在小學體檢的時候被查出「心音異常」，去醫院做檢查沒有什麼問題的話，家長就不用擔心。很多孩子在15歲前都有心臟的生理雜音，不會影響生活，也是疾病的體現。

◆腿疼

小兒腿痛的原因很多，我們最常說的就是「生長痛」。

五到六歲時身長增高又超過體重增加，所以，生長痛常發生於5~7歲的兒童。

如果孩子白天玩得很好，在休息時和晚上睡前發生疼痛．腿部

沒有異常。這種就是生長痛，是暫時的，不必治療。痛時可在局部按摩一下，或讓孩子看畫報、玩玩具、做遊戲等，轉移孩子的注意力。

如果孩子除了腿痛外，還伴有發熱、關節局部紅腫，有觸痛或其他關節紅腫、疼痛等異常情況，那麼，這種腿痛是不正常的，應到醫院進行檢查治療。

還有些孩子得了上呼吸道感染時，由於病原體的作用，也會引起一時性膝關節滑膜炎，因而出現關節酸痛的情況。上呼吸道感染治癒後，腿痛也自行緩解。

有的家長認為腿痛可以補鈣，但鈣的吸收不是一時彌補就能變好的，家長最好在孩子成長期開始注意營養搭配。

◆哮喘

過了五歲開始哮喘的兒童，家長不能光希望靠藥物治療或者自癒，採取積極的措施更有助於孩子擺脫疾病。例如，在藥物治療的同時，讓孩子像健康的兒童一樣上學、運動、自己做事情，這些對於他的體質增強和自信心提高都有好處。

跑步後氣喘吁吁，並有呼嚕的聲音的孩子，容易積痰引起哮喘。如果是這種情況，也不要就完全禁止孩子跑步，他可以把運動量調節得小一些。另外，經常泡溫水澡對哮喘有很好的作用。

◆低燒

　　媽媽通常不會給神氣活現的孩子量體溫，只有當孩子出現問題的時候，才會記得量一量體溫。這時候常常會發現，孩子輕微發燒。

　　其實，大部分孩子的體溫都會出現超過37°的低燒，如果媽媽經常量一量孩子的體溫，就會發現這個問題了。如果孩子不精神，有點低燒，最好讓他好好休息一下，另外問問是不是吃了什麼東西，沒有必要送到醫院檢查就診。

◆近視

　　近視是由於遺傳或眼調節肌肉睫狀肌過度緊張造成的眼軸變形，導致看不清楚遠處的物品的眼病。成年人戴眼鏡後矯正視力，多可恢復正常，也可以透過鐳射手術治療，但鐳射手術需要等到孩子成年之後再做。

　　孩子如果在5~6歲就出現近視，可能與生活習慣、弱視有關。

　　弱視是一種視功能發育遲緩、紊亂，常伴有斜視、高度屈光不正。弱視是很難矯正到正常的眼病。

　　弱視治療與年齡密切相關，年齡越小效果越好。3～7歲為最佳治療期，80%~90%都可治癒，7~10歲尚可治療，10~12歲不易治療，12歲以後治療效果微乎其微。

父母注意給孩子在飲食上多安排一些動物性食品，動物的肝臟，蛋類，魚類，奶類，甲殼類，綠色蔬菜，新鮮水果，對孩子的視力有好處。

◆慢性鼻炎

慢性鼻炎主要是間歇性鼻阻塞，鼻涕增多，常流膿鼻涕。出現咳嗽、多痰、咽部不適等症狀。小兒慢性鼻炎會影響兒童臉部發育以及記憶力，有40%的病人可伴發哮喘，長期鼻炎還可引發分泌性中耳炎，導致患兒聽力下降；鼻炎引發鼻塞，還會影響患兒夜間睡眠品質，嚴重的會有夜間睡眠呼吸暫停。

預防鼻炎，家長要注意不要讓孩子長時間待在空調房裡，溫差較大時要注意增減衣服；炎夏時大量喝冷飲，也可能導致鼻炎；夏季鼻炎患者游泳時，要注意水進入鼻腔而感染。兒童鼻塞時，不要強行給他擤鼻涕，以免引起鼻腔毛細血管破裂帶菌黏液逆流進入鼻咽部併發中耳炎。

如果家裡有慢性鼻炎患者，可以採用按摩的方式來治療和緩解，首先讓患兒採坐位或仰臥，家長以拇、食二指點按鼻唇溝上端盡處，時間為1～3分鐘；或者以雙手拇指按壓攢竹穴1分鐘；以拇指指腹沿鼻樑兩側，自上向下推擦，以局部產生熱感為止；或者患兒採俯臥，家長以單掌橫擦背，直至溫熱為止。

◆扁桃腺炎

讓孩子張大嘴巴，壓低舌頭，發出「啊」的聲音，可看見咽喉部兩側粉紅色的小肉團，就是扁桃體。扁桃體自10個月開始發育，12歲左右基本定型。

作為呼吸道的門戶，扁桃體是個活躍的免疫器官，尤其在小兒時期，含有各個發育階段的淋巴細胞及免疫細胞，能抑制和消滅自口鼻進入的致病菌和病毒。也因為它最先受到病毒的侵犯，所以經常會有炎症。

扁桃體反覆發炎，易引起咽炎、喉炎、氣管炎、肺炎；中耳炎；鼻炎、鼻竇炎，淋巴結炎等；扁桃體的病原體，最易使免疫系統功能紊亂而引起全身併發症。如風濕熱（風濕性關節炎，風濕性心臟病）、皮膚病（牛皮癬、滲出性多形性紅斑）、心肌炎、腎病、腎炎、哮喘、糖尿病、血液病等難治性疾病。

扁桃體發炎後，可以選擇用抗生素治療，見效快，可很快控制急性期的症狀，但容易復發。反覆使用抗生素，對身體也不好，易產生耐藥性，並會損害肝腎功能，降低免疫力，破壞人體正常菌群。

那麼是否要進行扁桃體切除術呢？我們已經知道了扁桃體的作用，就輕易不要切除，切除扁桃體等於失去了呼吸道的屏障，會影響人體整個免疫系統。但併發嚴重、全身疾病的兒童，也不排除手術治療。

如果經常反覆扁桃體發炎，要注意加強運動，增強體質，以提高身體免疫力。

◆咬合不正

如果孩子的牙齒出現了暴牙、犬齒突出、咬合處錯開、牙齒參差不齊等情況，都屬於咬合不正。

咬合不正會影響咀嚼和發音，並影響臉部的發育，因此要儘早治療。

咬合不正與遺傳有關，遺傳性的咬合不正需要等到孩子長大後手術治療，但兒童後天的生活習慣也有很重要的影響。例如大舌頭、上下頜骨發育不全、習慣啃手指等壞習慣、換牙也可能引起孩子的牙病。

五歲以前，孩子是不是咬合不正還不能明顯的看出來，因為那時候他們的身體還在發育，從六歲至十二歲左右，家長就要開始注意孩子的咬合問題了，很多孩子到了小學體檢的時才發現咬合不正。

為了預防咬合問題，家長要注意觀察孩子學說話時候的發音，吃東西的習慣。在恒齒開始長出來的六至七歲間，要注意兒童的咬字和咀嚼機能，儘早治療，可以藉著發育的趨勢，矯正齒列。在中、小學念書時期，是矯正的適齡期。

矯正治療一般不必拔牙，在齒和頜部使用矯正裝置予以矯正就可以了。

◆夢遊症

晚上突然看見孩子在客廳裡走動，第二天問他的時候他毫無印象，則可能是在夢遊。

兒童夢遊是一件很平常的事情，據調查，如果把只夢遊過一次的人也算在內的話，大約四分之一的人有夢遊的經歷，其中男性多於女性，兒童多於成人。

兒童大腦尚未發育成熟，大腦皮層抑制功能不足，可能導致他們的夢遊。夢遊大多在心理上受強烈刺激後發生，有家族傾向，有一半到了成年後自然消失。

當然，也有少數兒童由於腦部感染、外傷或罹患癲癇、癔症時，也可能發生夢遊現象，這要請醫生加以鑑別。

一般人認為，夢遊者會像盲人一樣四處亂撞，其實夢遊者眼睛是半開或全睜著的，他們走路姿勢與平時一樣。也有人認為夢遊者會做一些超乎尋常的驚險恐怖的動作，其實，夢遊者的行為和他白天的行為是差不多的，他們在夢遊的過程中也是用理性思考的。

還有一種偏見認為，不能喊醒夢遊者，夢遊的人忽然驚醒會嚇瘋或者嚇死。事實上夢遊者很難被喚醒，即使被喚醒了，他也不會發瘋，只是感到迷惑不解，對剛才的事情沒有印象了。

夢遊只要不是腦器質性病變引起的，不需治療。如果頻繁發生，可請醫生用些鎮靜劑。恐懼、焦慮易使夢遊症加重，這就要設法

消除恐懼、焦慮心理。

◆濕疹

濕疹是幼兒時期常見的一種皮膚病，是過敏性疾病。大多發生在臉頰、額部、眉間和頭部，嚴重時軀幹四肢也有。初期為紅斑，以後為小點狀丘疹、皰疹，有的很癢，有的不是很癢，皰疹破損，滲出液流出，乾後形成痂皮。

誘發濕疹的原因很多，主要有對母乳裡蛋白質或對牛羊奶、牛羊肉、魚、蝦、蛋等食物過敏；過量餵養而致消化不良；吃糖過多，造成腸內異常發酵。腸寄生蟲；強光照射；肥皂、化妝品、皮毛細纖、花粉、油漆的刺激；乳母接觸致敏因子或吃了某些食品，透過乳汁影響嬰兒；遺傳。

有的嬰兒從2～3個月就開始有濕疹，直到5～6歲還是斷斷續續，用藥的時候就會好轉，但是藥停了又開始復發，令家長很擔心。

如果幼兒總是在同一個季節患濕疹，可能是因為季節性的過敏原。但要找到過敏原是比較困難的，家長要讓小孩避免接觸有刺激性的物質，不要用鹼性肥皂洗患處，也不要用過熱的水洗患處，不要塗化妝品或任何油脂。

濕疹在溫度高的地方容易復發，因此小兒患濕疹之後，儘量讓他們待在室溫不高的環境中，衣服穿得寬鬆些，不穿化纖、羊毛衣服，以全棉織品為好，嚴重的時候也不要洗澡。

在孩子濕疹嚴重的時候，適當的用激素軟膏控制濕疹症狀也是需要的，但是這類濕疹外用藥物用多了會被皮膚吸收帶來副作用，長期使用還會引起局部皮膚色素沉著或輕度萎縮。

另外，也可以用不含激素的綠藥膏，它可以起到消炎止癢的作用。沒有哪一種藥膏是完全有效的，它有自己的局限性，而且每個孩子的體質不同，對藥物的反應效果也會不一樣的。要根據自己孩子的情況選用藥物，或是上醫院請醫生檢查，看應該用哪一種藥物。

◆疝氣

咳嗽、打噴嚏、用力過度、用力排便、婦女妊娠、小兒過度啼哭等，都容易引起疝氣。

疝氣最主要的症狀是在腹股溝區，可以看到或摸到腫塊。五六歲的兒童在洗澡時或腹部用力時可以看到，腫塊可能只見於腹股溝區，有些則會到達陰囊或陰唇。

當病兒安靜或睡眠時，則忽隱忽現。腫塊是由腹腔內的器官脫出到腹股溝所形成，脫出的器官以小腸居多，因此摸起來感覺柔軟，退回去時常會伴有咕嚕咕嚕的雜音，其他如大腸、闌尾、大網膜等亦可能脫出。女性則以卵巢脫出較多，因此常可摸到似拇指大、較硬且多半有壓痛的腫塊。

疝氣影響患者的消化系統，小孩則可因疝氣的擠壓而影響睪丸的正常發育。小兒疝氣治療最佳時間就是在發現症狀的時候，越早採

取措施治療，達到的治療效果越好，治癒所需的治療時間越短。家長帶小兒疝氣患者到醫院就診時，有時醫生會說孩子還小不用治療，可以等孩子大一些了再進行手術。這時家長需要注意：如果發現孩子疝氣延誤了治療時機的話，是有可能嚴重影響孩子日後的生育功能的，最嚴重的是會危及孩子的生命。

醫生所說的「孩子小不能治療」指的是孩子不適宜進行手術治療，但是孩子是可以採取保守的方法進行治療。小兒疝氣患者在發現症狀的時候就使用磁療疝氣治療帶進行治療，一般一個療程左右就可以治癒了，也就是說孩子兩個月左右就可以恢復健康了，是不用做手術的。不僅治療時間短，治療的效果也能使治癒後不再復發。

保守療法主要有藥物療法和疝氣帶療法兩類。藥物療法能緩解疝氣導致的腹脹、腹痛、便祕等症狀，從而使疝氣減輕；不足之處是無法控制疝氣脫出。

常用中成藥有疝氣內消丸、橘核丸、補中益氣丸等；或用肉桂研末醋調，紗布包敷臍部等。疝氣帶療法能迅速阻止疝的凸出，從而能有效阻止疝氣發展、緩解疝氣導致的腹脹、腹痛、便祕等症狀。缺點是只能治療可復性小腸疝氣，無法治療水疝。

◆包莖

媽媽在給孩子洗澡的時候，發現孩子的包皮口過小，使包皮不能上翻顯露出陰莖頭，或者包皮覆蓋全部陰莖頭就以為是包莖。

其實，嬰幼兒包皮過長往往是生理性的，到了青春期後陰莖頭仍遲遲不能顯露才能稱爲包莖或包皮過長，再進行小手術即可，幼兒時期只要沒有影響正常的排尿，就不用太在意。

Education: Age 1 ~ 6

增進感情、幫助發育、激發潛能的親子遊戲

◆ ── Education: Age 1 ~ 6 ── ◆

懷孕這檔事：寶寶1～6歲聰明教養

0~1歲寶寶的親子遊戲

◆坐飛機

【目的】

訓練寶寶的頸部肌肉、平衡能力、頭部的靈活性以及上半身的力量。

【玩法】

讓寶寶腹部朝下，用一個胳膊牢牢的托著寶寶的胸部和腹部，另一隻手托住寶寶的頭部，然後輕輕地來回搖晃寶寶，並同時哼唱有節奏的歌曲，讓寶寶享受微風輕輕吹拂過頭髮，就像坐飛機一樣。

還可以由家長先躺在床上或墊子上，腳彎曲，讓寶寶趴臥在小腿上，先上下左右輕晃幾下，讓寶寶感受浮動的感覺，可邊搖晃邊唱一些合適的童謠，搖晃幅度可慢慢加大，操作過程中可問問寶寶的感覺，鼓勵寶寶表達其感受。

這個遊戲使寶寶在抬起頭部、頸部和肩膀、訓練上半身力量的同時，也深刻體驗平衡的感覺。

家長可以透過變化寶寶身體高度的方式，來訓練其對空間感的

認知能力，不過需要注意的是，要確保將高度控制在安全範圍內，一般不要超過家長胸部的高度。

◆鏡子裡的我

【目的】

訓練寶寶的頸部肌肉、手臂肌肉和眼部肌肉，同時還可訓練寶寶眼神對物體的追蹤能力。

【玩法】

把一面合適的鏡子（面積稍大，四周不會劃傷寶寶）放在地上。讓寶寶腹部朝下，趴在鏡子邊沿（注意：3個月以下的寶寶需要用抱枕支撐頭部和頸部），讓寶寶往鏡子裡看。

家長可以在寶寶的身邊和他一起照鏡子並和他坑「躲貓貓」的遊戲，在玩的過程中可以跟寶寶說說鏡子裡的他：「這是你的眼睛、嘴、鼻子、耳朵……」，還可以跟他玩「躲貓貓」的遊戲。

◆抱枕上的平衡

【目的】

讓寶寶體驗腹部所承受的壓力以及平衡感，與此同時讓寶寶練

習抬頭的能力。

【玩法】

除了家長抱著寶寶做搖擺的練習，讓寶寶趴著左右搖晃也能練習平衡哦！將寶寶放置在一個大的海綿抱枕上，也可以將大浴巾捲起來做成抱枕或用毛巾把廚房專用紙巾捲起來。

可以在抱枕上先鋪上一條毛毯，讓寶寶趴在上面，用抱枕支撐著寶寶的胸部、腹部和大腿，把寶寶的頭轉向一邊，輕輕地唱著歌曲並左右搖動寶寶。

搖晃時，家長要注意扶穩寶寶，避免寶寶從抱枕上跌落。

◆玩具秋千

【目的】

刺激寶寶的視覺系統發育，並且訓練寶寶的手眼協調能力。

【玩法】

用彩色鮮豔的絲帶或者牙線綁上一個10公分大小的絨毛玩具或者塑膠環，在寶寶面前緩緩的上下左右地移動，吸引寶寶用眼神去追逐。還可以在靠近寶寶小手的地方做小幅度搖晃，鼓勵寶寶伸手去抓。

◆飄動的絲巾

【目的】

色彩可刺激寶寶視覺系統的發育，培養寶寶的好奇心和注意力。

【玩法】

把寶寶放在地板上或者嬰兒車座位上，然後在寶寶面前或小手附近輕輕的晃動絲巾。如果寶寶蹬腿、伸胳膊或者用手去抓絲巾，那麼家長就會知道寶寶對絲巾的顏色、質地和運動有多麼的感興趣。

◆尋找聲源

【目的】

幫助寶寶練習他們的聽力，開發寶寶的聽覺定位技能。

【玩法】

把寶寶放在你的前面，使你在他的視線範圍以外，然後叫他的名字，觀察寶寶的反應。如果寶寶沒有反應的話，可以一邊喊他的名字一邊用手或者其他顏色鮮豔的東西在他的眼睛附近輕輕晃幾下。

◆嬰兒按摩

【目的】

讓寶寶得到安慰，增進家長與寶寶之間的感情。

【玩法】

在室溫28℃左右的恒溫房間，鋪上軟軟的毯子或浴巾。脫掉寶寶身上的衣服，把雙手來回搓熱。用天然的嬰幼兒專用按摩油，像擠牛奶一樣，從上往下輕輕地擠壓寶寶的四肢，然後從寶寶身體中間往兩側按摩，在進行過程中還可以跟寶寶說說話或是給寶寶唱首歌。

需要注意的是，家長在給寶寶做嬰兒按摩之前，要確保室溫到達28℃，避免寶寶著涼，同時要洗乾淨自己的雙手。

寶寶的皮膚很柔嫩，所以如果皮膚按摩後變成紅色，是正常的。

◆跳躍的氣球

【目的】

開發寶寶視覺跟蹤和視力集中的能力。

【玩法】

給寶寶一兩個氣球看，家長會注意到當氣球隨風飄動時，寶寶

會好奇地睜大眼睛。

　　家長最好將氣球離寶寶的距離控制在30公分左右，因爲這是寶寶看得最清楚的視野範圍。在晃動氣球時，速度不要太快，以方便寶寶用眼睛追蹤它的動態過程。

◆「蹬車」

【目的】

　　讓寶寶感知自己的小腿和腳丫在以一種新的方式運動，幫助寶寶交替移動雙腿可以訓練下肢力量和協調性，爲將來的爬行做準備。

【玩法】

　　讓寶寶平躺著，幫助寶寶輕輕地慢慢地移動雙腿，做蹬車的動作，同時微笑著對寶寶講話，鼓勵他獨立完成蹬車動作。

　　在這個遊戲過程中要和寶寶保持眼神的交流，父母的微笑和鼓勵的話語都能使寶寶更積極的參與這個活動。

◆黑白黑白我最愛

【目的】

　　訓練寶寶的頸部自然轉動及提升其注意力，增強其視覺認知能

力，促進寶寶的視覺發展。

【玩法】

準備一些自然的、線條清晰的、黑白分明的圖像，放在離寶寶眼睛20～25公分處，配合清晰的聲音說明，不要過慢或間斷，過程中需注意聲音的親切與抑揚頓挫，以吸引寶寶的注意。

演示的動作及位置均可變化，使寶寶的頸部能夠自然轉動。

◆猜一猜，哪一邊

【目的】

訓練寶寶手眼協調能力、促進腦部發育。

【玩法】

準備一些有顏色的球、有聲音的玩具或小樂器。拿一個球在寶寶眼前晃動，或突然藏到背後再慢慢拿出來，讓寶寶自然伸手抓取；當寶寶成功抓到時，不要馬上放開，讓寶寶體會抓取的感覺。

可反覆進行這個動作，當寶寶揮動自己的小手去抓玩具時，要適時給予讚美。

◆躲躲藏藏真有趣

【目的】

訓練寶寶的記憶、觀察、思考、探索及語言學習等能力。

【玩法】

在地板或鋪上軟墊的地面上，家長先將手中的玩具給寶寶看見，然後慢慢拿到各個方位，在他看得見時，讓玩具消失不見，再問寶寶「玩具呢？玩具不見了！」並引導寶寶去尋找玩具，當寶寶找出玩具時，記得給予誇獎。

◆滾一滾，學爬行

【目的】

發展寶寶的運動能力，且爬行會促進寶寶腦部的發育。

【玩法】

準備一個奶粉罐和幾個鈕扣、彈珠、乒乓球或其他能夠發出聲響的小物品，在罐子或瓶子裡裝入小物品，然後在寶寶耳邊搖晃，用聲音引起寶寶的注意，再讓寶寶邊爬邊玩罐子，滾動的罐子會發出聲音，吸引寶寶向前爬行。

◆光影秀

【目的】

培養寶寶的視覺能力。

【玩法】

坐在地板上，讓寶寶坐在你的腿上或你旁邊。把手電筒的光打到牆上，然後把手放在光源和牆之間，這樣牆壁就成了你表演手影的螢幕。

剛開始，你可以做些簡單的動作，例如揮手或豎起手指表示不同的數位，然後你可以用手做出小動物的形狀，比如狗或鴨子。還可以幫助寶寶揮動雙手，在牆上顯出晃動的影子，然後讓寶寶看他的手影比你的小多少。

最後，你還可以握著寶寶的手，幫寶寶做出不同的手影形狀，讓這些手影對寶寶說晚安。

◆超級分類

【目的】

訓練寶寶的精細動作，培養寶寶的手眼協調能力。

【玩法】

準備幾個小碗、帶蓋子的小容器以及能用手指拿的食物。

用小碗裝上寶寶愛吃的、各種顏色的、能用手指拿的食物，比如小塊的軟水果，或煮熟的蔬菜、穀物，切成小塊的雞肉丁或魚肉

丁，乳酪塊或水煮雞蛋。

　　再給寶寶幾個空碗碟，鼓勵他把各種食物混合搭配在一起，或是把食物從一個碗移到另一個碗裡。

　　如果寶寶已經掌握了開關蓋子的技巧，你就可以給他幾個帶蓋子的塑膠容器，鼓勵他自己打開。

1~2歲寶寶的親子遊戲

◆找朋友

【目的】

練習簡單的社交禮儀，增加寶寶的社會交往意識。

【玩法】

全家人圍坐在一起，寶寶一邊蹦蹦跳跳地走，一邊拍手念兒歌：「拍拍手，向前走，向前走，找朋友，找到朋友握握手。」念完，寶寶握住爸爸（或其他人）的手說：「我和爸爸是好朋友！」爸爸就跟寶寶一起說：「好朋友，好朋友，握握手來點點頭！」便說邊做動作，然後寶寶再重複念兒歌，找其他人做朋友。

◆像什麼

【目的】

給予右腦細胞更多的刺激，啟發寶寶的聯想力和創造力

【玩法】

讓寶寶面對一面沒有過多視覺刺激的牆，爸爸媽媽手裡拿著圖畫卡片或積木等，從寶寶的左耳後方進入他的左眼視野，問寶寶：「你看這個像什麼呀？」讓他用自己豐富的想像來回答問題；或在晴朗的天氣裡，帶著寶寶躺在草地上觀察天上的雲朵，啟發他將不同形狀的雲朵看成動物、仙女、天使等。

需要注意的是，爸爸媽媽一定不要問寶寶「這是什麼？」因為這樣的問題很容易得到單一答案，禁錮了寶寶的想像。

◆玩沙子

【目的】

訓練寶寶的小動作技能，刺激他的觸覺。

【玩法】

找一個有沙子的地方，如沙灘上或是操場上，家長先向寶寶示範怎麼使用工具在沙子裡做出圖案，比如用耙子拉出直線和波浪線、用烤盤壓出大大的圓形、用空的優酪乳盒和濕沙壘起高塔等。還可以向寶寶示範怎麼一抹或倒水，就能拆除他的沙子傑作，然後讓寶寶重新獨立創作，想做幾次都可以。

◆晃起來，寶寶

【目的】

訓練寶寶的聽覺反應，培養寶寶的節奏感。

透過鑒別不同的聲音可以訓練寶寶耳朵對音色和音量的識別，而透過跳舞、搖擺或玩樂器則可以訓練寶寶創造性表達。

【玩法】

將白米、豆子或硬幣分別裝入幾個小塑膠瓶，接著把瓶蓋擰緊後搖晃瓶子，然後把瓶子遞給寶寶，並對它發出的獨特聲音做出評價；可以選幾首熟悉的不同節拍的歌曲，鼓勵寶寶隨著節拍晃動瓶子和身體。

◆蠟筆畫

【目的】

訓練寶寶的精緻動作技能和手眼協調能力，幫助寶寶學會識別顏色。

【玩法】

在寶寶身邊坐下，給他幾支不同顏色的蠟筆和海報大小的白紙，鼓勵他在上面塗塗畫畫。如果寶寶不知道如何下手，家長可以先

示範給寶寶看，用不同的蠟筆畫出不同的形狀，然後讓寶寶動手來畫。

在寶寶畫的同時要和他討論他所畫的內容，並告訴他顏色，還可以鼓勵他使用不同顏色，不管寶寶畫了什麼，都要加以表揚。

◆捉迷藏

【目的】

訓練寶寶對聲音的識別能力和辨認能力，增強寶寶的愉悅感。

【玩法】

家長可以找一棵樹、一把椅子或一面牆躲起來，對寶寶喊：「我藏起來了，快來找我」。

當寶寶尋找時，家長可以用聲音鼓勵他走近，當寶寶順著家長的聲音尋找到自己後，要擁抱和祝賀他。

還可以教寶寶藏起來，通常他會露出小腿或小手在外面，家長要假裝沒看到，然後在看到寶寶時假裝大吃一驚。

◆大自然的藝術

【目的】

讓寶寶自己挑選，自己擺放，訓練寶寶認識和表達個人喜好；在戶外進行收集時，和寶寶一起討論大自然，鼓勵他描述世界；把收集來的東西粘貼好，可以訓練他的精緻動作技能。

【玩法】

帶寶寶到公園或樹林裡散步，收集一些小樹葉、花朵、草、小木棍、羽毛以及任何吸引他的東西，收集時家長可透過討論把外出活動作為寶寶接觸新單詞和概念的機會。

收集完以後，把一張透明的膠帶紙，粘的一面朝上，四個角貼在平托盤上固定好。幫助寶寶把他戶外收集來的東西在透明膠帶紙上擺好，然後再用一張透明膠帶紙，粘的一面朝下，蓋在大作上，這樣寶寶的藝術品就可以長久保存了。

這些大作可以裝點在窗上、冰箱上，甚至寶寶的房間。

◆管子遊戲

【目的】

讓球從管子裡落下然後去抓球，可以訓練寶寶的動作技能以及手眼協調能力，也能促進寶寶的參與意識；透過不同大小的球，還能幫寶寶區分大小。

【玩法】

用大的塑膠管或硬紙管把網球或其他軟球(直徑至少4.5公分，以

防寶寶把球放進嘴裡)放入管子一端，將管子傾斜，讓球從裡面滾下去，讓寶寶從另一端把球取出來，重複幾遍。

換不同大小的球，讓寶寶看哪些球能放進去，哪些放不進去。

◆寶寶投籃

【目的】

寶寶練習瞄準，有利於提高手眼協調能力和大動作技能；如果家長在寶寶扔進球後大聲數數，就會為寶寶理解數字打下基礎。

【玩法】

收集幾個中等大小的球，然後把它們放入大一些的容器內，如洗衣籃、硬紙盒或塑膠盆。給寶寶示範怎樣把球倒在地板上，然後再把球一個個放入籃中。直到他熟練後，讓他往後站，試著把球扔到籃子裡。

可以在房間四周擺上幾個容器，以增加難度，鼓勵小運動員嘗試不同的目標。

◆小貓吃魚

【目的】

訓練寶寶的活動能力和抓取能力。

【玩法】

畫好幾條魚，塗上顏色剪下，分列擺在2層以上的臺階上，讓寶寶扮作小貓，家長一邊說兒歌：「小花貓，上高臺，吃完魚，走下來。」一邊教寶寶自己走上臺階去拿小魚（可蹲下，也可站在低層彎腰取高層的小魚），再從臺階上自己走下來。

◆開飛機

【目的】

訓練寶寶的膽量。

【玩法】

把寶寶的手放在爸爸肩上，然後爸爸用手抱住寶寶的腰，像飛機一樣旋轉；還可以讓寶寶握住爸爸的手腕，然後像飛機一樣旋轉；或是爸爸從後面將寶寶舉起，讓寶寶抓住爸爸的脖頸，然後像飛機一樣飛行。

這個遊戲在寬敞的室內和室外均可進行，但是要注意安全。

◆搔癢癢

【目的】

增加寶寶的愉悅感，提高寶寶的記憶力。

【玩法】

把寶寶的手掌心朝上，放在爸爸或媽媽的左手上。一面唱童謠，一面配合著節奏做動作（父母右手的動作）：

「炒蘿蔔，炒蘿蔔，（在寶寶手掌上做炒菜狀）

切──切──切；（在寶寶胳臂上做刀切狀）

包餃子，包餃子，（將寶寶的手指往掌內彎）

捏──捏──捏；（輕捏寶寶的胳臂）

煎雞蛋，煎雞蛋，（在寶寶手掌上翻轉手心手背）

砍──骨碌頭！（伺機向寶寶搔癢）」

當寶寶對歌謠內容熟悉後，可以反過來讓寶寶一邊念歌謠，一邊重複上述動作，爸爸媽媽可以適當的給寶寶提提醒，引導寶寶接下來要做什麼。

◆打氣球

【目的】

訓練寶寶的手腳協調能力和動作力量。

【玩法】

爸爸或媽媽用手吊一個氣球，高度隨時調節，讓寶寶伸手跳起

拍擊；也可把氣球拋給他，讓他用腳踢，在遊戲的時候可以用兒歌鼓勵：「打球、踢球，寶寶，玩球！」

◆粘貼紙

【目的】

訓練寶寶的語言理解能力、對事物的認知和方位感。

【玩法】

準備一些不同顏色的粘紙，讓寶寶把花花綠綠的粘紙根據爸爸或媽媽的要求，貼到爸爸或媽媽的鼻子上、後背上或鞋子上；也可以讓寶寶貼到自己的肚子上，臉蛋上；還可以叫他貼到椅子上、沙發上或杯子上。寶寶貼對了就給予表揚，錯了就給予啓發和糾正。在寶寶貼的時候，爸爸或媽媽可以念兒歌：「貼，貼，粘貼紙，寶寶貼對（錯）了！」

◆書本骨牌

【目的】

訓練寶寶手眼協調的能力和手的力度。

【玩法】

準備各種厚度的書大概10本左右，家長把書從中間打開，以骨牌形式放在地上，放好以後讓寶寶用手推動第一本書，並看著書一本本的倒下。可以根據寶寶的能力，把書的數量增加。

◆書本疊疊樂

【目的】

訓練寶寶手部的動作能力和識記動作的能力。

【玩法】

準備20本寶寶常看的圖畫書，一一打開，然後跟寶寶一起一本一本把書疊起來擺放好。等寶寶熟悉了擺放的方法以後，鼓勵他主動地把書疊起來擺放好。

2~3歲寶寶的親子遊戲

◆摸左右

【目的】

協助寶寶進一步分清左右，提高思維動作的靈活性。

【玩法】

爸爸（媽媽）和寶寶都站在鏡子前，由爸爸（媽媽）發出號令「右眼」，大家趕快摸自己的右眼，再聽號令「左膝蓋」，大家又快點去摸自己的左膝。

如果寶寶不明白哪裡是膝蓋，看到別人摸，自己也趕快模仿著去摸，誰最先摸對就由誰發號令。

如果寶寶動作慢，爸爸（媽媽）可以故意摸錯了讓寶寶更正，然後由寶寶發出號令，使寶寶漸漸學會左右，動作又快又准。

需要注意的是，在做這個遊戲時，家長不能與寶寶面對面的站，因為面對面的站容易使寶寶模仿時發生方向性錯誤。大家要對著鏡子做，既便於監督，也容易引出笑話使全家快樂。

Education:
Age 1 - 6
懷孕這檔事：
1-6歲聰明教養

◆扮家家酒

【目的】

發展語言能力，提高寶寶的合作能力。

【玩法】

　　為寶寶搜集一些能做餐具的小鍋子小碗，甚至一些小盒蓋瓶蓋之類，寶寶們就能玩起來。寶寶們經常看到媽媽做飯、切菜、準備碗筷，只要有一點東西能模仿就能玩「扮家家酒」。

　　可以和鄰居朋友家不同年齡的寶寶一起玩，大一點的寶寶當爸爸媽媽，小一點的寶寶當寶寶。大的寶寶可以出主意變換遊戲的花樣，叫小的寶寶去買魚或買水果，或是把娃娃、大象、狗熊等玩具請來當客人。還可以讓寶寶去導演一幕去看病的遊戲，把小餐具當做打針吃藥的道具。

◆「紅黃黑白」

【目的】

讓寶寶認識紅、黃、黑、白4種顏色，培養寶寶的色彩感。

【玩法】

準備好兔子媽媽和4隻小兔的圖片，紅、黃、黑、白氣球各一顆

(或圖片),字卡「紅」「黃」「黑」「白」。

　　媽媽可以先給寶寶講故事:「兔媽媽生了4個寶寶,牠們長著長長的耳朵、白白的毛,可愛極了。日子一天天過去了,4隻小兔長大了,可是牠們長得一模一樣,連媽媽都分辨不清。怎麼辦呢?兔媽媽想了一個好辦法,給兔寶寶做了4件不同顏色的衣服,一隻穿上紅衣服,一隻穿上黃衣服,一隻穿上白衣服,還有一隻穿上黑衣服。這回兔媽媽可分清牠們了。」

　　講完故事後,擺出字卡讓寶寶分別指出「紅」「黃」「黑」「白」,然後給寶寶4顆紅、黃、黑、白氣球,讓寶寶把不同顏色的氣球送給相應的小兔,也可讓寶寶為小白兔塗上不同顏色的衣服。

◆小動物坐火車

【目的】
讓寶寶認識方位,正確指認前與後。

【玩法】
　　準備好小火車、小兔、小貓、小狗、小雞的玩具或圖片,字卡「前」「後」「火車」「小兔」「小狗」「小雞」「小貓」。

　　1.媽媽與寶寶玩火車遊戲。媽媽出示一列玩具火車,請小兔、小狗、小貓、小雞上火車。然後問寶寶:「誰坐在火車最前面?」(小兔。)「誰坐在火車最後面?」(小雞。)「誰坐在小雞前面?」(小

貓。)「誰坐在小貓前面？」(小狗。)

2.火車到站了，請小動物們下車。遊戲反覆進行，讓寶寶不斷強化前後次序。

3.教寶寶聽指令站立，媽媽說：「請你站在媽媽前面。」寶寶就迅速地跑到媽媽面前。「請你站在媽媽後面。」寶寶就迅速地跑到媽媽後面。

4.可準備其他寶寶平時喜歡的玩具，讓寶寶按前後順序擺玩具，增加寶寶對前後順序的理解。

5.識字：前、後、火車、小兔、小狗、小貓、小雞。

◆打電話

【目的】

教寶寶使用電話，培養寶寶的禮儀和交往能力。

【玩法】

1.向寶寶介紹電話的用途。

2.教他怎樣撥號、聽聲、問話、答話以及對撥號聲、忙音等提示音的識別。

3.與寶寶一起模擬打電話。在這個過程中要向寶寶傳授電話用語，如「您好，請問xx在嗎？」「您好，請問找哪位？」「他不在，需要我為您轉告嗎？」「對不起，您打錯了」等等。

4.爸爸或媽媽帶上手機去另一間房間,讓寶寶試著打電話和接電話。熟練後可給爺爺、奶奶或外公、外婆打電話,讓寶寶體驗一下打電話的感覺。

這個遊戲可根據寶寶的年齡、能力分成幾個階段進行。先僅在爸爸媽媽的對打電話中讓寶寶參與講幾句話,之後模擬著玩再正式打,以鞏固提高寶寶的技能技巧。如果寶寶接受力強的話,可以教他給爺爺奶奶、親戚以及小朋友打電話,繼而學習在緊急情況下如何打緊急電話等。

◆「怎麼辦」

【目的】
學習解決問題的能力。

【玩法】
家長可以在適當時機提問「如果你口渴你會怎麼辦?」寶寶會回答「我找開水或飲料喝」、「你餓了怎麼辦?」「找吃的」、「你睏了怎麼辦?」「睡覺」、「感到太熱怎麼辦?」「脫衣服,吹電風扇,洗臉等」、「感到冷怎麼辦?」「穿衣服、蓋被子等」……可以提示讓寶寶多講幾種辦法,鼓勵寶寶想出新點子。

◆小圖形找大圖形

【目的】

訓練寶寶配對、形狀和數數技能。

【玩法】

剪好不同大小的三角形、心形、星形、圓形和方形各10個，然後拿5張紙板，各畫上一個大大的三角形、心形、星形、圓形和方形，並在紙板上方寫上數字1到9。

教寶寶將與大圖形一致的小圖形找出來，並按照對應數字的黏在大圖形上。

◆擠壓遊戲

【目的】

讓寶寶知道多少的概念，為以後理解數量打下基礎。

【玩法】

準備一支吸管、一支眼藥水滴管、一個碗和兩個乾淨的塑膠杯。

在碗裡裝半碗水，幫寶寶加幾滴食用色素。讓寶寶自己動手感覺一下吸管和眼藥水滴管是如何工作的，讓他用吸管和滴管吸水，然

後擠放到杯子裡，看看哪個裝的水比較多——是吸管還是滴管？

◆毛茸茸的小篩子

【目的】

訓練寶寶精細動作技能和數數能力。

【玩法】

在一個小方塊的六面粘上紙，從一塊毛織物上剪幾個圓點，粘到方塊上，做成一個毛茸茸的骰子。

擲骰子落地後，讓寶寶摸一下骰子上方的圓點，數數有幾個；還可以增加遊戲的難度，蒙住寶寶的眼睛，讓寶寶摸摸有幾點。

◆點點樂

【目的】

訓練寶寶的思維創造能力和臉部表情活動能力。

【玩法】

和寶寶一起數「1、2、3」之後，輪流動動自己的臉蛋兒：皺皺眉頭、歪歪嘴、閉上眼睛、眨眨眼、拉拉耳朵、拍拍臉……變動得越奇特越好玩。

開始玩時，家長引導寶寶模仿自己的動作或是限定某個器官的變動，當玩得起勁後大家一起自由發揮，隨意地擠眉弄眼。

◆和爸爸踢足球

【目的】

發展寶寶的腿部肌肉、平衡能力和空間感

【玩法】

準備一個內有小鈴鐺的彩色塑膠球，爸爸站在一側，雙腿稍分開，胯下當做球門。

讓寶寶站在爸爸對面，距離為1米，啟發寶寶將球踢進「球門」。如果寶寶採用推、滾等方法將球送入球門，也應給予鼓勵。

◆「支帳篷」

【目的】

發展寶寶大肌肉動作力量。

【玩法】

準備一塊長三尺，寬兩尺的軟布，讓寶寶在床上或軟床上手持布塊躺好準備。

遊戲開始時家長先給寶寶念兒歌「大風大風呼呼吹，大樹大樹左右搖，青蛙青蛙呱呱叫。刮大風，下大雨，快快支起帳篷來。」念完兒歌後讓寶寶用四肢將布塊撐起，家長可模仿大風發出「呼呼」的聲音，看看帳篷搭的結實不結實，不被吹倒。遊戲結束時家長可以說：「天晴了」，然後讓寶寶將「帳篷」放下。

◆「買東西」

【目的】
訓練寶寶的語言發展能力和事物識別能力。

【玩法】
家長準備一些不同品種、不同顏色的玩具或物品，先讓寶寶提問「您好，請問您要買什麼？」，然後家長說「您好，我要買……」，讓寶寶把家長說的東西遞給自己。

玩過幾輪後可以互換角色，由家長提問，讓寶寶說出想買的東西。在寶寶買東西時，家長要引導寶寶完整的說出物品的名稱，如果能完整到說出物品的顏色、形狀則更好。

◆「排排隊」

【目的】

讓寶寶初步辨別以自我或他人為中心的前與後位置關係，學會說短句「XX在XX的前面」等。

【玩法】

準備若干毛絨玩具或其他玩具，給這些玩具排好隊，讓寶寶感受並說說以某個玩具為中心的前後方位，引導寶寶說出「XX在XX的前面」或「XX在XX的後面」。

◆海綿謎語

【目的】

訓練寶寶配對、分類和解決問題的能力以及手眼協調能力。

【玩法】

準備幾塊薄而平整的海綿或工藝泡棉材料，用記號筆和小刀在海綿或泡棉中央割一些小圖形，如心形、圓形、方形或星形，取出這些形狀，放在一邊，讓寶寶將它們放回到正確的位置。

◆扔紙球

【目的】

透過訓練寶寶的手部控制能力和空間判斷能力，起到開發右腦的作用。

【玩法】

拿一個籃子（菜籃或洗衣籃都可以），然後拿一些報紙，把報紙裹成一團，做成一個一個紙球，爸爸、媽媽和寶寶輪流扔紙球，每人扔10個，看誰扔進籃子裡的球最多。

◆神奇的紙盒

【目的】

訓練寶寶的識別能力。

【玩法】

把家裡使用過的面紙盒留下，往裡面放一些玩具、糖果、水果等，讓寶寶摸一摸，請他在拿出來之前說出名稱，或者給他指令，請他按指令拿出東西來。

對大一點的寶寶，家長可以給他否定的指令。如：「請你把不可以吃的東西拿出來」或「請你把不是圓的東西拿出來」等等。

為了增加趣味性，也可以使用一些獎勵的方法。比如拿對了糖果，就把糖果獎勵給寶寶吃，拿錯了，糖果就歸媽媽吃等。

◆猜猜我是誰

【目的】

訓練寶寶的聽覺判斷能力，刺激寶寶的右腦功能。

【玩法】

爸爸或媽媽在被窩裡發出不同的動物的叫聲，比如狼叫聲、狗叫聲、獅子的叫聲等，讓寶寶猜猜藏在被窩裡的是什麼動物。

3~4歲寶寶的親子遊戲

◆滾球

【目的】

協助寶寶掌握滾球的基本技能，訓練手的肌肉和身體的協調能力。

【玩法】

在天氣好的時候，媽媽可以和寶寶一起到戶外，媽媽用磚疊成一個小球門，告訴寶寶：「把球滾進球門裡去！」還可以指定其他方向讓他滾，如「把球滾到大樹那裡去！」。

◆走鋼絲

【目的】

訓練寶寶腳跟對著腳尖後退走，培養行走能力。

【玩法】

在地上畫一條線或放一根長繩子，媽媽和寶寶一起站在繩子的一端，往另一端走。走到盡頭以後，再用後腳跟抵著前腳尖往後退著走回來。走到繩子中間時，還可以學著雜技演員那樣，用一隻腳在繩子上獨立一會兒。

◆打夯

【目的】
練習雙腳原地向上跳，發展彈跳能力。

【玩法】
爸爸和寶寶面對面站立，寶寶雙手在頭上相握。爸爸拉緊寶寶的雙手，一邊唱著打夯的號子：「我們打起夯——喲，嗨—嗨—唷——啊！」一邊按節奏把寶寶提起、放下。要求寶寶能順勢向上跳起，落下時前腳掌著地並屈膝。

◆套身體

【目的】
練習從頭到腳套圈的技能，發展運動能力和身體的協調性。

【玩法】

準備一個直徑約為40公分的塑膠圈。讓寶寶雙手舉起圓環，從頭向下套過身體，最後彎腰抬腿把圓環從腳下拿出，放在地上。

還可以把圓環放在地上，讓寶寶雙腳站在其中，雙手拿起圓環從下往上套過身體，最後把圓環從頭頂上拿下來。

◆投沙包

【目的】
練習投擲動作，發展寶寶的上肢力量，培養動作協調性。

【玩法】
用花布縫幾個小袋，內裝一些米、豆子或沙子做成沙包。讓寶寶拿在手裡，胳膊屈肘上舉用力向前投出。家長可先做示範投擲動作讓寶寶跟著學，比賽看誰投得遠。

◆以字連詞

【目的】
啟發寶寶的聯想能力，練習使用名詞。

【玩法】
由爸爸媽媽或爺爺奶奶提出一個簡單的字，然後讓寶寶說出和

這個字相連的詞，說得越多越好。比如爸爸媽媽說出「花」字，可以讓寶寶聯想說出：花籃、花環、鮮花、花壇、花布、花手絹、花邊、花蝴蝶、花盆、花架、玫瑰花……照以上的玩法，還可以提出其他的字，讓寶寶來連詞。

◆教教小猴子

【目的】

讓寶寶理解動詞所代表的動作，練習使用動詞。

【玩法】

家長手拿玩具小猴子說：「小猴子最喜歡學人的樣子，今天寶寶來做老師教教牠。我說出一個詞來，寶寶就做動作給牠看，好不好？」

然後家長說出一個簡單的動詞，如說：「蹲。」寶寶即相應地做出動作，立即蹲下，同時家長也操縱著小猴子做出同樣的動作，口中同時說：「小猴子也學著做呢，你看，牠也蹲下去了。」寶寶便會感到極有興趣。

依照此玩法，可以說出一系列的動詞。如：跳、停、走、爬、摸、舉、撓、踮腳走、叉腰、吹喇叭、打鼓、彈琴等等。

◆ 捉迷藏

【目的】

練習運用形容詞和方位詞。

【玩法】

從破舊的圖書、畫報上剪下一些小動物的圖片，先讓寶寶逐一地叫出它們的名字，儘量加上一個形容詞，如黑貓、黃狗、大公雞、小白兔、壞狐狸等。

然後讓寶寶閉上眼睛，媽媽用最快的速度把這些小動物藏在房間內各處。接著喊：「一、二、三」，讓寶寶去找，如他在床上找到了貓，就得說：「黑貓躲在床上。」在被子裡找到了狐狸，可以說：「壞狐狸藏在被子裡。哈！抓住你了！」

◆ 拍照片

【目的】

發展寶寶的語言能力和精細動作的能力。

【玩法】

家長雙手在身體前交叉，兩小拇指相勾，拇指和食指相點，放在眼睛上，當照相機，假裝給寶寶照相，一邊照一邊念：「小寶寶，

坐坐好，看看我，笑一笑，我來給你拍張照。」然後讓寶寶學著給家長拍照，並且要把兒歌改成：「好媽媽（或其他人），坐坐好，看看我，笑一笑，寶寶給你拍張照。」

熟練後，再讓寶寶給其他人拍照，但一定要根據拍照人不同來變換兒歌裡的人稱內容。

◆看動作連片語

【目的】

學習使用動詞，培養寶寶的發散思維。

【玩法】

媽媽做一個動作，讓寶寶說出相應的動詞，並作連詞應答。如媽媽做「抱」的動作，寶寶說：「抱，抱娃娃。」媽媽接著說：「抱，抱西瓜。」寶寶可說：「抱，抱被子」……爸爸也可以參與進來，能連出來的片語越多越好。

◆鼻子會知道

【目的】

訓練寶寶嗅覺的靈敏性。

【玩法】

媽媽在家裡找一些寶寶比較熟悉的，有著特殊氣味的東西，如醋、香油、酒精、肥皂、茶葉、樟腦丸、蘋果等。蒙上寶寶的眼睛，把準備好的東西一一放在寶寶的鼻子底下，讓他聞一聞以後，分辨這些氣味，說出聞到的是什麼東西。

在做這個遊戲前，媽媽先想一想，寶寶平日裡有沒有聞這些氣味的經歷，如果沒有，就必須先補上這一課。

在日常生活中，凡是有氣味的東西，都應該有意識地讓寶寶聞一聞，並告訴寶寶，這種氣味的特點是什麼，以此豐富寶寶的感性經驗，提高他的認知能力。

◆小手真靈敏

【目的】

訓練寶寶手部觸覺的靈敏性，發展感知覺。

【玩法】

媽媽用一個有鬆緊帶口的花布袋裝上一些瓶蓋子、大鈕扣、玻璃球、核桃、花生殼、乒乓球、小皮球等具有光滑、粗糙、軟、硬、輕、重不同特徵的物品，再準備一個娃娃。

媽媽和寶寶一起坐在桌前遊戲，媽媽抱起娃娃對寶寶說：「娃娃看見寶寶這兒有個口袋，他不知口袋裡裝的什麼東西，啊，寶寶也

不知道。現在娃娃要請寶寶幫他摸一摸裡面究竟裝了什麼？」

然後媽媽說：「娃娃讓寶寶摸一個硬硬的小圓球。」

寶寶能拿出玻璃球即為正確。娃娃不斷提出新要求，寶寶依次摸出其他物品。

在做這個遊戲時，每當寶寶按要求摸對時，媽媽不僅要肯定寶寶做的對，而且還要讓寶寶能複述出這件東西的特徵；如果寶寶摸錯了，媽媽應幫著寶寶分析這件東西的特徵是什麼，然後鼓勵他再來試試。

◆吃到了什麼

【目的】

訓練寶寶的味覺，豐富感性經驗，發展觀察力。

【玩法】

準備蘋果、梨子、香蕉、西瓜等各種水果若干，把它們切成小塊裝在盤子裡。

蒙上寶寶的眼睛，把小水果塊放進寶寶的嘴裡，讓寶寶說出吃的是什麼。當寶寶識辨能力增強後，還可以用更相似的食物進行遊戲。比如水煮花生米和水煮黃豆，芹菜和韭菜，黃豆芽和綠豆芽等。

◆小手變變變

【目的】

訓練寶寶小肌肉的協調與靈活性，訓練思維反應能力。

【玩法】

爸爸媽媽和寶寶都把手藏在各自身體的後面，然後和寶寶一起說「小手小手藏起來，小手小手變變變！」

每次都鼓勵寶寶變出不一樣的動作。比如變成一把槍、一隻小狗、數字八、小兔子的耳朵、一個三角形等等。爸爸媽媽和寶寶還可以相互學習各自的動作哦！

但是要注意，當說到最後一個「變」字的時候，小手一定要變出動作來。

◆小青蛙跳荷葉

【目的】

學習單腳、雙腳跳和有一定距離的跳的各種方法。

【玩法】

準備好用塑膠購物袋做的荷葉和小的絨毛玩具做為害蟲，以及一個籃子。

遊戲開始時，媽媽把「荷葉」一張一張鋪開放在地上，對寶寶說「春天來了，池塘裡也長出一些害蟲，我們變成小青蛙去吃掉害蟲，好不好？」

　　然後媽媽和寶寶一起說：「小青蛙，本領大，跳跳跳，呱呱呱。」

　　邊說邊帶著寶寶一起跳到「荷葉」旁上，一次捉一隻「害蟲」，然後再返回去。

　　等到寶寶熟悉動作後，媽媽可以說「現在寶寶長大了，自己去捉害蟲吧，媽媽在家等你。」

　　讓寶寶自己去做跳躍和捉「害蟲」的動作，可以根據寶寶的活動情況，適當改變荷葉與荷葉之間的距離。

4~5歲寶寶的親子遊戲

◆踩老鼠

【目的】

訓練寶寶的奔跑能力，培養寶寶動作的敏捷性。

【玩法】

找一隻舊襪子，裡面塞滿棉花或碎布頭，用繩子將襪口紮緊作「老鼠」，家長牽著「老鼠」跑，寶寶追，踩住襪子就算逮到了「老鼠」。

◆超級記憶力

【目的】

訓練寶寶的記憶力和語言組織能力。

【玩法】

寫一些詞語和寶寶一起想辦法把它們按照一定的順序（從前往

後、從後往前）記住。

可以透過編一個故事來記住這些詞語。比如詞語人陽、鞋子、膝蓋、門、蜂廂、手杖，家長可以設想一些荒謬的畫面：「一本書在燃燒，因為太陽藏在裡面；你把鞋子扔到信箱裡所以得整天單腳跳；一匹大馬踩在你的膝蓋上；你的臥室門打不開了，因為有一張大大的郵票把它貼得牢牢的；你打開收音機，被裡面蜂廂裡湧出的大群蜜蜂給蜇了一頓；你用手杖來攪一杯茶等。」家長可以根據詞語和寶寶一起編造一些類似上述的畫面，以此來記住這些詞語。

◆追泡泡

【目的】
提高寶寶動作的協調性和聽訊號迅速作出反應的能力

【玩法】
準備一些塑膠袋製成的泡泡（可選用一次性包裝袋）、小紙棒（舊掛曆紙捲成）和夾子若干、輕快的音樂和緩慢的音樂各一首。

遊戲開始時，家長和寶寶各準備一隻泡泡，分別把泡泡用夾子夾在身體背後，每人手持一小紙棒，相隔一定距離站好。

遊戲開始：聽音樂節奏變化，家長和寶寶在一定的區域內玩追泡泡的遊戲，聽到輕快音樂時，要想方設法地用小紙棒敲擊他人身後的泡泡，又要保護好自己的泡泡避免他人敲擊，以擊中他人者為勝。

聽到緩慢音樂時，在場地裡慢跑，不可再敲擊他人的泡泡，再次聽到輕快音樂時，遊戲繼續。

遊戲熟練後，可增加遊戲的難度，變化夾泡泡的位置，如肩膀、腳踝等處。

◆猜猜什麼聲音

【目的】

增強寶寶對不同聲音的敏感性並訓練集中他的注意力。

【玩法】

家長指給寶寶看他平時常用的不同物品，然後請寶寶閉上雙眼，或者轉過身去，或者蒙上眼睛，然後請他仔細地去聽，並且猜猜家長發出的是什麼聲音。

家長可以躲在椅子後面，然後發出不同的聲音，如拍球、打蛋器的聲音、上鐘錶的發條聲、打字、玩一種樂器、釘書機的聲音、用剪刀剪布或剪紙、撕報紙等。

◆看誰套的多

【目的】

訓練寶寶的瞄準能力和動作的協調性。

【玩法】

在屋子裡擺上幾個玩具，讓寶寶輪流用套圈一個一個向前投，看誰套得准、套得多。開始玩時，距離可以近一點，使寶寶容易套中，以增強信心。訓練一段時間後再適當增加難度，讓寶寶站得離玩具遠一點。

需要注意的是，如果用竹條或藤條自製套圈，最好用塑膠繩把套圈繞一道，以免刺傷寶寶的皮膚。

◆尋找家裡的物品

【目的】

讓寶寶學會分類歸類，提高寶寶的語言能力。

【玩法】

家長口頭指定一項物品（如爸爸的皮鞋），讓寶寶找找看，然後說明它放在哪裡？是用什麼東西做成的？有什麼用途？可以依此方式讓寶寶繞著客廳、房間走，逐一說出各種物品的名稱、材料以及用途。

等寶寶熟悉各種物品的材料後，家長可以拿此為主題（例如：門、桌椅、書架……）對於年齡較大的寶寶，家長還可以讓他以繪畫的方式來作答，使遊戲更有趣。

◆自己的天空

【目的】

讓寶寶感受作畫的樂趣，提高寶寶的想像力和創造力。

【玩法】

準備一面塗鴉牆（可以在房間牆面上貼上一張較大的紙，最好比人高）讓寶寶在塗鴉牆上自由彩繪，還可以貼上生活照。同時也要讓寶寶知道，唯有這面牆才是他能自由發揮的天地。

每隔一段時間，家長可以把寶寶揮灑的牆面畫取下，記錄好日期和他表達的意思，收存在寶寶專用的櫃子裡，等他稍大之後取出來欣賞，一定別有一番滋味哦！

◆指印真好玩

【目的】

感受指印印畫的樂趣，發展寶寶的想像力和創造力。

【玩法】

由家長先示範，分別將5個手指沾上印泥，蓋在白紙上，讓寶寶觀察每個指印的模樣，並且比較其大小。

當寶寶發現指印上有呈螺旋狀的紋路時，會感到驚訝。然後再

讓寶寶該上自己的指印，與大人的指印做比較，看看有些什麼不同？還可以讓寶寶運用一個或多個指印去構圖、添加筆劃，成為某項具體的事物或一幅畫，如一個指印可以變成小鳥、魚、鳳梨、樹、甲蟲、人等，多個指印可以變成花園、雲朵等。

◆誰躲起來了

【目的】

培養寶寶的注意力和記憶能力。

【玩法】

準備若干個不同的玩具或物品，一塊布。

遊戲開始時，爸爸或媽媽說：「今天我們家來了很多客人。」然後── 介紹小兔妹妹、積木寶寶等。

（一開始時放的物品稍微少點，可以3~5個）

接著說：「待會兒，這些客人要和你玩捉迷藏的遊戲，你要記住他們是誰。」讓寶寶多看一會，然後用布把「客人」蓋起來。

讓寶寶想想有哪些客人，想出一個讓一個客人出來。等到這個遊戲玩熟了以後，可以不用布讓寶寶閉起眼睛，拿走一個物品，讓寶寶猜猜誰躲起來了。

◆巧巧對

【目的】

提高寶寶辨別圖形、數量的能力和記憶力。

【玩法】

將空白紙裁成大小相同的卡片數張，每兩張卡片上畫的圖形的形狀和數量都相同。由家長隨意取出一張卡片，讓寶寶說出它的數量與圖形，待寶寶能夠辨識每一張卡片以後將卡片正面朝下，任意排列在桌上，讓寶寶隨意翻開兩張卡片。

如果兩張卡片上的圖形與數量都一樣，則拿到一旁；如果兩張不同，把卡片返回原來的位置，直到所有的卡片都配成對為止。家長可以根據寶寶的能力增減卡片的組數。

◆默契大考驗

【目的】

加強寶寶辨別形狀的能力，增進和寶寶的感情。

【玩法】

準備若干個形狀、大小不等的積木，將積木分為兩組（兩組各有相同的大小及形狀的積木），家長和寶寶各一組。

遊戲開始時，家長和寶寶分別閉上眼睛各自選取一塊積木，握在手心，由寶寶發號施令：「一、二、三，張開眼睛！」然後打開手心，看看彼此所拿的積木是否相同。若相同則拿出來放在一旁，直到所有積木都拿走後結束遊戲，進入下一輪。

◆住旅館

【目的】

讓寶寶感知1~10的數字。

【玩法】

準備10個空盒子和若干個鈕扣，依序在盒子上寫1~10。讓寶寶依照數字放入等量的鈕扣，例如「3」表示放3粒鈕扣。在讓寶寶玩時，要注意別讓寶寶把鈕扣放到嘴裡。

◆小小劇場

【目的】

增強寶寶的表演欲望和表演能力。

【玩法】

準備1個較大的空箱子，動物或卡通人物娃娃若干個。把大紙箱

的蓋子拿掉，在箱底挖一個方形大洞，就是一個小小舞臺了。全家人可以輪流上場，用布偶、紙偶演戲，觀眾可別忘了鼓掌哦！

如果在方形大洞旁繪上一排按鈕，就變成一架電視機了。全家人可以輪流「上電視」說個故事一、唱首歌，或是模擬天氣預報等等。

◆魔術袋

【目的】

培養寶寶的注意力記憶力和手部觸覺的敏感性。

【玩法】

準備若干個不同的玩具或物品（如積木、圖書、小球、小娃娃等）、一個布袋或枕套。

把準備好的東西展示出來，讓寶寶認認它們是什麼，然後把這些物品放進魔術袋（布袋）裡，讓寶寶伸一隻手進去摸，猜猜是什麼物品，猜對了有獎勵或表揚，猜錯了就要接受懲罰。直到每一樣東西都摸到過猜過。這個遊戲可以反覆進行，放的物品難易度可以根據寶寶情況自動調整。

5~6歲寶寶的親子遊戲

◆氣象預報

【目的】

培養寶寶勇敢無畏的精神及動作的敏捷性。

【玩法】

準備1顆乒乓球，選一人當預報員，其他參與者面對著他站成一列橫隊，相距3米遠，遊戲開始。當預報員發出各種氣象預報時，全體遊戲者要作出勇敢的反應，如：

「刮大風！」～「不怕！」

「下大雨！」～「不怕！」

「有大霧！」～「不怕！」

「下大雪！」～「不怕！」

唯獨聽到「下冰雹嘍！」時，所有參與遊戲者必須趕快轉身抱頭蹲下，要是動作遲緩被預報員用乒乓球擊中了就算失誤，雙方互換角色。接著遊戲開始，誰失誤三次就要表演一個節目。

◆雛鷹試飛

【目的】

發展寶寶前庭器官的控制平衡的能力。

【玩法】

準備健身盤、矮平衡木及小墊子各一個，讓寶寶雙足併攏蹲在健身盤上，由父母各拉住一隻手，發令後按逆時針方向快速旋轉十圈，完成後讓寶寶站起迅速跑出，透過矮平衡木（若跌倒必須重做），再跑至終點，先完成者可得分。

◆刮鬍子

【目的】

訓練寶寶奔跑速度和靈敏性。

【玩法】

準備舊報紙數張和膠帶一卷。

爸爸把舊報紙撕成長條狀當鬍鬚，用膠帶固定在下巴上。遊戲開始後，寶寶追逐並撕去爸爸臉上的鬍鬚，爸爸進行躲閃。在有限時間內計算寶寶能撕下幾根鬍鬚。可以在比較空曠的場地上玩遊戲，爸爸也能刻意讓寶寶撕下鬍鬚，以增加寶寶的遊戲樂趣。

◆袋鼠賽跑

【目的】

發展寶寶的協調性和合作配合的能力。

【玩法】

幾個家庭的父子一起玩，各對父子面面相對，寶寶的雙腳踩在爸爸的雙腳背上，雙手相拉，組成「袋鼠」，主持人發令後，從起點開始出發，寶寶的雙腳始終不得離開爸爸的腳背，全靠爸爸的跳躍移動，途中需繞過三個障礙物，先到達終點的父子為勝。

◆夾跳比多

【目的】

培養寶寶的合作性，發展夾跳能力。

【玩法】

適合多個家庭共同遊戲。準備若干個矮板凳和大可樂瓶，參賽家庭的爸爸（媽媽）與寶寶相對而站，中間放置一條矮板凳，發令後依次用雙足夾拋一個大可樂瓶（裡面盛適量的沙了）過凳，每成功一次算一分，在規定的時間內，積分多的家庭為勝。

◆裝卸木材

【目的】

培養寶寶細心認真的態度。

【玩法】

桌子的一端放1個鉛筆盒，盒上橫放10支鉛筆，另一端放1艘用報紙疊成的「篷篷船」，大小如同鉛筆盒，再配備30公分長的細繩拴住的鑰匙圈2根。

遊戲時，家長和寶寶分別站在桌子兩邊。

拿起帶鑰匙圈的繩子，發令後，鉛筆兩頭分別套入鑰匙圈，保持好平衡，把鉛筆一支支抬到船上，鑰匙圈不許碰到桌面或鉛筆盒，否則重做。由裁判計時，哪隊完成得快並且品質好的為優勝。

◆趕鴨子

【目的】

培養寶寶做事認真仔細的品質。

【玩法】

在地上畫兩條相距8米的平行線代表小河，家長和寶寶雙腳穿上2艘用報紙疊成的「篷篷船」，手持一根1米長的紙棒（將報紙捲得硬

挺直為好）。讓寶寶發令，然後要每個人各趕四隻「小鴨子」（用報紙疊成的紙氣球，外面畫鴨頭）過河，先到對岸並且「船」不破，「鴨子」不死（未碰扁）者為勝。

◆釣魚

【目的】
發展寶寶的跳躍能力及反應的靈敏度。

【玩法】
適合多個家庭共同遊戲。準備若干長竹竿和空可樂瓶，遊戲時各參賽家庭的家長和寶寶各人的雙腳踝用小短繩繫上空可樂瓶，圍站成一個圓圈，比賽開始，由工作人員在圓心處，貼地按逆時針方向掄轉一根長4米的竹竿，通過誰誰必須立即跳起，若腳或瓶碰竿算被釣到退出場，最後剩下人多的家庭為勝。

◆扔瓶進箱

【目的】
培養寶寶空間方向判斷能力及投擲的正確性。

【玩法】

適宜多個家庭共同遊戲。準備若干個空箱子、鏡子和空可樂瓶，參賽家庭家長和寶寶依次背對一個3米遠的空箱子，左手持一面鏡子，右手拿起一瓶空可樂瓶扔向箱內，每扔進一瓶就再有一次機會，直至失誤為止，扔進積分多的家庭為勝。

◆我和皮球做朋友

【目的】
促進寶寶大腦皮層和神經細胞的發展。

【玩法】
媽媽雙腳分開當球門，爸爸、寶寶輪流以左腳來射門，比一比誰的命中率高；還可以由爸爸、媽媽和寶寶輪流左右手拍球。可以提出不同的指令，如：「把球拍得最高」或「把球拍得最低」；或是將球用繩子固定在比寶寶高出10～20公分處，請寶寶雙腳向上跳，用頭頂球，頂到的計數，積累到一定的數字獎勵一張貼紙；還可以讓寶寶按照指令左右腳配合撥動地上的球，或往前或往左、右走，最後把球送回指定的「家」。

◆大家一起唱

【目的】

發展寶寶的節奏感和創造能力。

【玩法】

把生活中的事件編成歌曲，和寶寶邊唱邊玩。比如可以把刷牙、洗臉、吃飯這些活動和我們熟悉的旋律如《生日歌》編在一起來唱：「我們～快來～刷～牙，我們～快來～刷～牙，我們～快來～刷～～～～～牙，天天～都要～刷～～～～～～牙。」

◆少了什麼多了什麼

【目的】

提高寶寶的形象記憶能力。

【玩法】

給寶寶看一張圖片，上面有動物、食物、用品等。讓寶寶指出哪些是食物，哪些是用品。然後再換另一張，上面比第一張有增有減，讓寶寶說說少了什麼，多了什麼。

永續圖書
線上購物網

www.foreverbooks.com.tw

◆ 加入會員即享活動及會員折扣。

◆ 每月均有優惠活動，期期不同。

◆ 新加入會員三天內訂購書籍不限本數金額，

　 即贈送精選書籍一本。（依網站標示為主）

專業圖書發行、書局經銷、圖書出版

永續圖書總代理：

五觀藝術出版社、培育文化、棋茵出版社、達觀出版社、

可道書坊、白橡文化、大拓文化、讀品文化、雅典文化、

知音人文化、手藝家出版社、璞珅文化、智學堂文化、語

言鳥文化

活動期內，永續圖書將保留變更或終止該活動之權利及最終決定權。

※為保障您的權益，每一項資料請務必確實填寫，謝謝！

姓名		性別	☐男 　☐女
生日	年　　　　月　　　　日	年齡	
住宅地址	郵遞區號☐☐☐		

行動電話		E-mail	

學歷

☐國小　　　☐國中　　　☐高中、高職　　☐專科、大學以上　　☐其他_____

職業

☐學生　　☐軍　　☐公　　☐教　　☐工　　☐商　　☐金融業
☐資訊業　☐服務業　☐傳播業　☐出版業　☐自由業　☐其他_____

謝謝您購買 <u>懷孕這檔事：寶寶1～6歲聰明教養</u> 與我們一起分享讀完本書後的心得。

務必留下您的基本資料及電子信箱，使用我們準備的免郵回函寄回，我們每月將

抽出一百名回函讀者，寄出精美禮物以及享有生日當月購書優惠！想知道更多更

即時的消息，歡迎加入"永續圖書粉絲團"

您也可以使用以下傳真電話或是掃描圖檔寄回本公司電子信箱，謝謝！

傳真電話：（02）8647-3660　　電子信箱：yungjiuh@ms45.hinet.net

●請針對下列各項目為本書打分數，由高至低5～1分。

　　　　　　　　5　4　3　2　1　　　　　　　　　5　4　3　2　1
1. 內容題材　☐☐☐☐☐　　2. 編排設計　☐☐☐☐☐
3. 封面設計　☐☐☐☐☐　　4. 文字品質　☐☐☐☐☐
5. 圖片品質　☐☐☐☐☐　　6. 裝訂印刷　☐☐☐☐☐

●您購買此書的地點及店名_____

●您為何會購買本書？

☐被文案吸引　　☐喜歡封面設計　　☐親友推薦　　☐喜歡作者
☐網站介紹　　☐其他_____

●您認為什麼因素會影響您購買書籍的慾望？

☐價格，並且合理定價是_____　　☐內容文字有足夠吸引力
☐作者的知名度　　☐是否為暢銷書籍　　☐封面設計、插、漫畫

●請寫下您對編輯部的期望及建議：

221-03

新北市汐止區大同路三段194號9樓之1

傳真電話：（02）8647-3660
E-mail：yungjiuh@ms45.hinet.net

廣告回信

基隆郵局登記證

基隆廣字第200132號

培育

文化事業有限公司

讀者專用回函

懷孕這檔事：
寶寶1～6歲聰明教養

培養文化育智心靈的好選擇

培育文化